IRE

48

I0052418

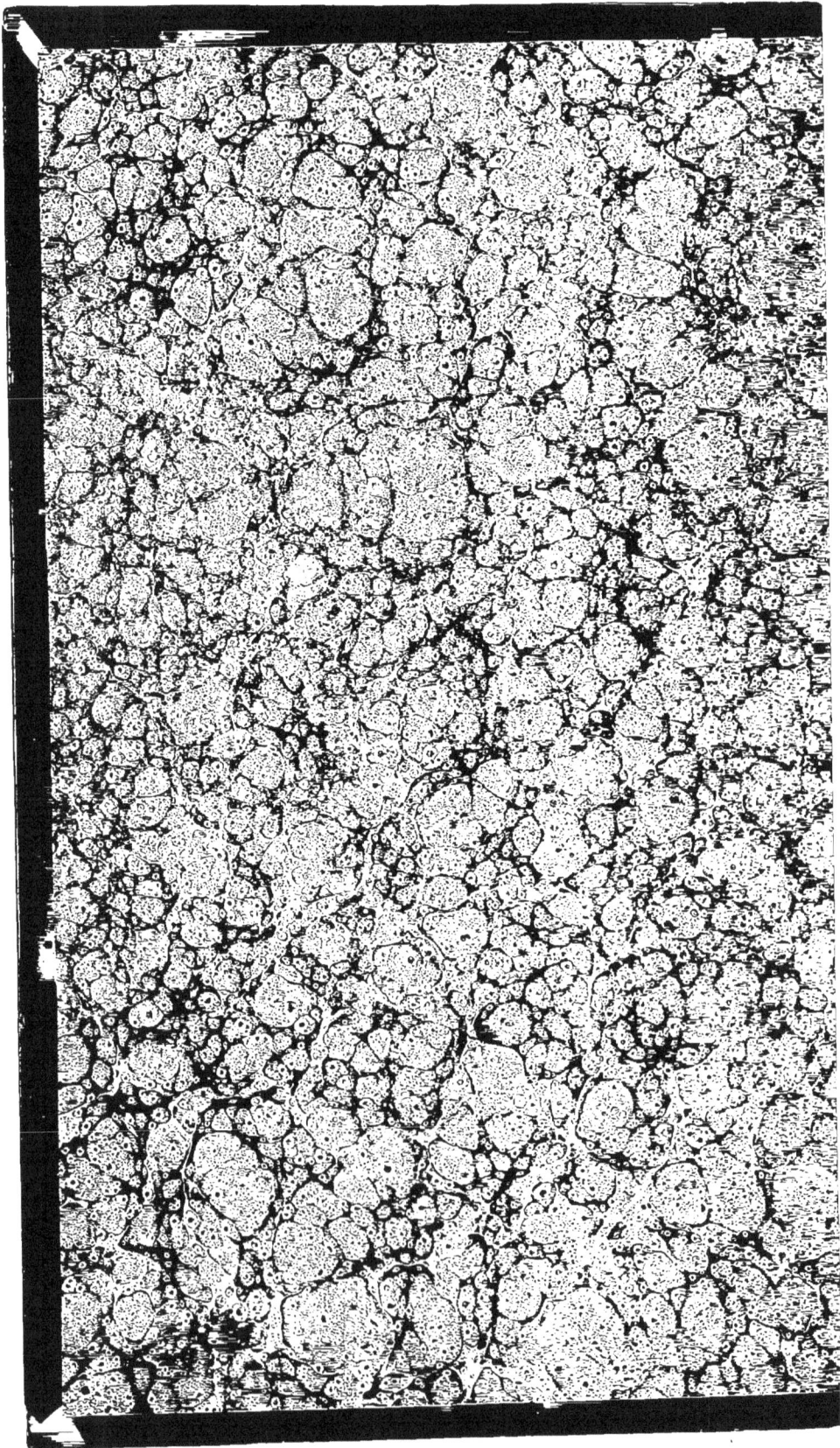

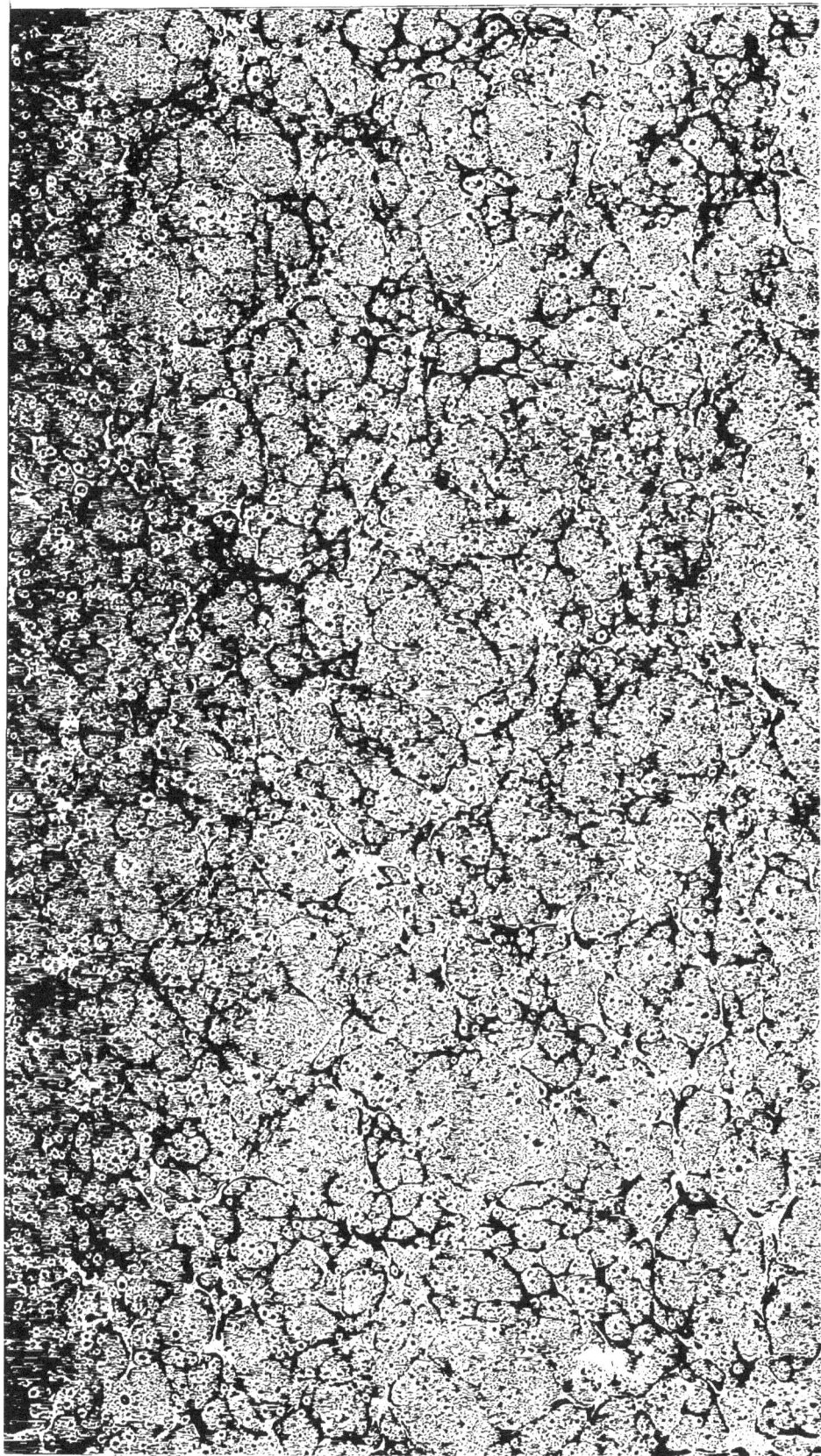

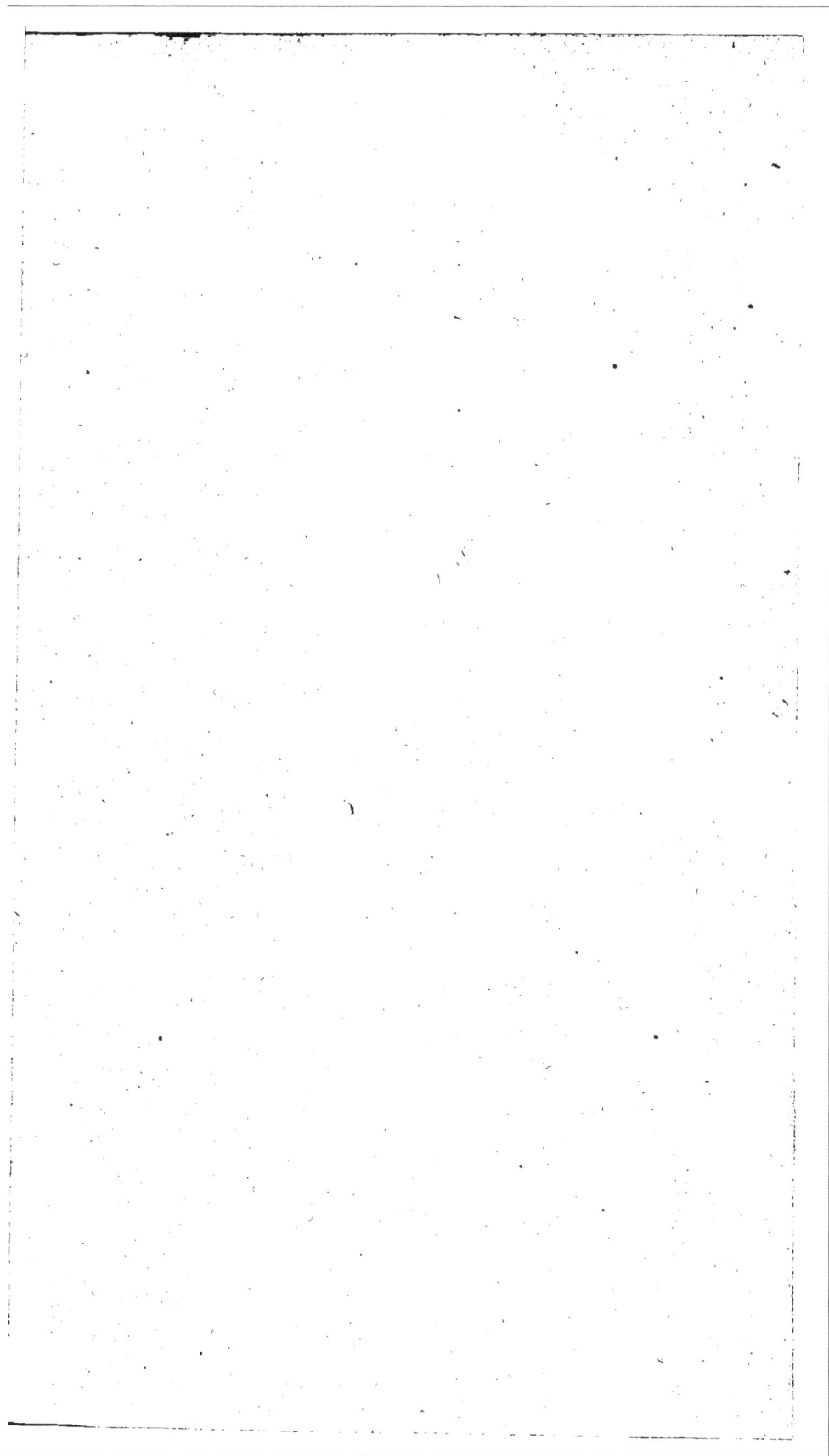

S
(C.)

27478

MÉMOIRE

L'ÉDUCATION DES MÉRINOS.

IMPRIMERIE DE MADAME HUZARD

(NÉE VALLAT LA CHAPELLE).

MÉMOIRE

SUR

L'ÉDUCATION DES MÉRINOS,

COMPARÉE A CELLE

DES AUTRES RACES DE BÊTES A LAINE,

DANS

LES DIVERSES SITUATIONS PASTORALES ET AGRICOLES ;

Par M. DE GASPARIN,

De la Société royale et centrale d'Agriculture.

> (Ovis)... Eligendum est ad naturam loci :...
> Pinguis et campestris situs proceras oves
> tolerat ; gracilis et collinus quadratas ;
> sylvestris et montosus exiguas. Pratis
> planisque novalibus tectum pecus com-
> modissimè pascitur.
>
> Column., lib. VII, cap. II.

A PARIS,

CHEZ MADAME HUZARD, LIBRAIRE,

RUE DE L'ÉPERON, N°. 7.

~~~~~~~~~~~~

1823.

SOCIÉTÉ D'ENCOURAGEMENT
POUR L'INDUSTRIE NATIONALE.

SÉANCE GÉNÉRALE DU 30 OCTOBRE 1822.

EXTRAIT

D'un Rapport fait par M. Silvestre *sur le Prix proposé pour un Mémoire sur l'élève des moutons de race pure d'Espagne, et sur le croisement des races indigènes.*

La Société d'Encouragement, conformément au désir de M. *Ternaux,* avait proposé au concours une médaille de trois cents francs, dont il avait lui-même fait les fonds, pour l'auteur du mémoire qui établirait d'une manière convenable quelle est la position dans laquelle doit se trouver un cultivateur pour qu'il soit de son intérêt d'entretenir des troupeaux de race pure d'Espagne, ou d'améliorer des races indigènes par le croisement avec des béliers superfins de pure origine. Le programme de ce prix indiquait les principales conditions qui devaient fixer l'attention des concurrens, et il était naturel d'attendre que les auteurs, après avoir rendu un compte en détail des résultats de leur propre pratique, indiqueraient les modifications qu'il conviendrait d'adopter sur d'autres sols et dans d'autres climats, et enfin qu'ils chercheraient à faire un Manuel qui pût éclairer tous les propriétaires français sur ce qu'ils avaient à faire et sur ce qu'ils pouvaient, avec un bénéfice certain, entreprendre en ce genre.

Sept mémoires envoyés à ce sujet ont été classés par numéros, suivant l'ordre de leur arrivée au secrétariat ; ils portent chacun une devise et un billet cacheté, qui est indiqué comme devant contenir le nom de l'auteur du mémoire ; les numéros 1 et 5 sont signés.

Le Comité d'agriculture a examiné ces diverses pièces avec attention, et a lu la plupart d'entre elles avec intérêt. Les numéros 2 et 3 sur-tout lui ont paru dignes d'éloges ; ils contiennent d'importantes observations sur l'élève des mérinos, des calculs sur les recettes et dépenses, et annoncent des connaissances variées et approfondies sur ce sujet. Votre Conseil d'administration vous propose d'accorder une médaille d'argent à chacun des concurrens, M. *de Gasparin*, propriétaire à Orange, département de Vaucluse, auteur du mémoire N°. 2, et M. *Perrault de Jotemps*, ancien officier de marine, propriétaire à Gex, département de l'Ain, auteur du mémoire N°. 3.

Adopté en séance générale, le 30 octobre 1822.

Signé SILVESTRE, *rapporteur*.

MÉMOIRE

SUR

L'ÉDUCATION DES MÉRINOS,

COMPARÉE A CELLE

DES AUTRES RACES DE BÊTES A LAINE,

DANS

LES DIVERSES SITUATIONS PASTORALES ET AGRICOLES.

L'HISTOIRE d'une découverte importante offre presque toujours trois périodes remarquables : on la propage avec engouement, on n'en voit que les avantages, et on se les exagère ; bientôt on s'aperçoit qu'il y a beaucoup à rabattre des espérances que l'on avait conçues ; on se livre au découragement et l'on abandonne avec irréflexion ce que l'on avait entrepris avec légèreté ; enfin les yeux se dessillent à mesure que le concert des prôneurs et des détracteurs cesse de se faire entendre ; on juge avec maturité ce que l'on avait condamné injustement ; on rapproche les données que l'on a obtenues et qui manquaient

I

à la première époque, avec le sang-froid qui manquait à la seconde; et la découverte s'établit sur des bases fixes, qui sont celles de la raison et de l'expérience.

Aucune de ces vicissitudes n'a manqué aux mérinos; mais aujourd'hui que, grâce à nos épreuves, nous sommes parvenus à la troisième de ces époques, il était digne du citoyen, honorable auteur de ce concours, de provoquer les recherches des hommes instruits et de les engager à rassembler en un faisceau les données de leur expérience et de celle de leurs contemporains. Pour seconder ses vues patriotiques, nous croyons qu'il faut examiner en détail, 1°. l'état de l'éducation des moutons de race commune en France, les diverses positions agricoles où ils se trouvent et les avantages que l'on en retire; 2°. les produits des mérinos en particulier et les frais qu'ils exigent; 3°. les effets de la substitution des mérinos ou des croisemens de mérinos aux races ordinaires dans chacune des circonstances où elles sont placées. Nous pensons qu'en embrassant dans tous leurs détails les trois divisions que nous venons d'indiquer, nous trouverons sur notre chemin toutes les questions exigées par le programme et que nous devons nous efforcer à résoudre.

PREMIÈRE PARTIE.

ÉTAT DE L'ÉDUCATION DES MOUTONS DE RACE COMMUNE EN FRANCE.

Pour juger les différentes situations dans lesquelles se trouvent les moutons en France, il faut examiner leur position géographique, leur état d'agglomération ou de dissémination sur la surface de notre sol, puis de-là nous passerons à examiner leur position agricole dans chacune des régions géographiques qu'ils habitent.

CHAPITRE PREMIER.

Position géographique des moutons en France.

Tous les départemens de la France possèdent des bêtes à laine, mais, dans les uns, elles ne sont considérées que comme un faible accessoire; tandis que dans d'autres elles sont la base des spéculations rurales et le principal des animaux de vente que l'on trouve dans les fermes. Enfin on les trouve associées aux bêtes à cornes et partageant avec elles les soins des cultivateurs. Il est presque superflu de les considérer dans leur position subordonnée, où elles sont l'objet du rebut de l'habitant; mais il est intéressant de les examiner là où elles attirent son attention, et de chercher à analyser les causes qui leur donnent l'exclusion dans certains lieux, et qui ailleurs permettent de les associer à d'autres genres de spéculations.

Les bêtes à laine sont l'objet presque exclusif des soins des cultivateurs dans la région méditerranéenne qui s'étend de la Garonne aux Alpes, et de la Méditerranée à l'Isère, aux monts Coiron dans l'Ardèche, à la Lozère et au Cantal.

On leur donne la même importance dans le département du Cher, qui est le centre d'un nouvel arrondissement de moutons, qui s'étend sur les deux rives de la Loire, sur les départemens du Cher, de l'Indre, du Loiret, d'Eure-et-Loire, de Seine-et-Oise et de Seine-et-Marne; mais cette prédominance des moutons s'affaiblit dans les derniers de ces départemens, et les vaches finissent par s'y montrer en nombre proportionné à celui des moutons.

Au-delà de la Seine, un nouveau genre d'exploitation où les vaches dépassent la proportion des moutons sans leur faire perdre toute leur importance, s'étend sur les départemens de Seine-et-Marne, Seine-et-Oise, Oise, Aisne, Pas-de-Calais et Nord, et se lie à la région précédente: de sorte que l'on pourrait dire que la France

n'aurait que deux régions de bêtes à laine, l'une
au midi et l'autre au nord, si, par l'espèce de
leurs moutons et le genre de spéculation pour lequel on les élève, la région de la Loire ne diffé-
rait pas entièrement de celle du nord. Quoi qu'il
en soit, la réunion de ces masses a déterminé
l'établissement de manufactures de draperies
dans chacune de ces régions, où elles sont placées
d'une manière symétrique au levant et au cou-
chant de leur région respective, Carcassonne et
Vienne faisant les deux ailes de la région méditerranéenne, Louvier et Sédan celles de la région
du nord.

Pour nous faire une juste idée des motifs de
cette position géographique des moutons, il faut
d'abord convenir d'un fait, c'est que par-tout
où les pâturages suffisent pour la nourriture des
bêtes à cornes, elles sont admises comme partie
principale du cheptel, et les moutons sont exclus
ou n'occupent qu'une place secondaire. Ainsi en
Angleterre, les clôtures, ayant amélioré les pâturages, ont chassé les moutons de toutes les par-
ties du territoire où elles ont été introduites (1) :
de même en France, par-tout où la température

(1) *Bibliothèque britannique*, Agric., t. XVI, p. 40
et 156.

de l'atmosphère et la nature du sol procurent des herbages assez abondans pour nourrir des bêtes à cornes, on s'est livré à leur éducation et l'on n'a admis les moutons qu'en deuxième ou troisième ligne.

Ce fait ne peut tenir qu'à une de ces deux causes : ou les pays dont les moutons sont exclus ont quelque chose de contraire à leur prospérité et à leur existence, ou bien, en thèse générale, le produit net des moutons est inférieur à celui des bêtes à cornes : or, l'une et l'autre de ces propositions est vraie relativement aux diverses localités.

Il est certain, d'abord, que les moutons à laine courte craignent beaucoup la *pourriture* ou *cachexie*, dans tous les lieux où les herbes sont très-aqueuses et abondantes et qu'ainsi ces moutons sont exclus par cela même d'une grande partie de la France, dont ils n'occupent que la région méditerranéenne et la région à moutons de la Loire. Cette dernière, consistant en terrains calcaires arides du Cher et en sables marins entre Loire et Seine, ne fournit qu'une herbe peu succulente, dont les moutons n'ont à craindre que la rareté ; mais hors de ces régions, au nord de la Marne et de la Seine, par exemple, on n'élève que la race à laine longue, qui craint beaucoup moins la cachexie, mais qui demande déjà une nourriture plus abondante.

Mais il est des pays où l'herbe est à-la-fois saine et abondante, et on ne conçoit pas que les moutons n'y fissent quelquefois concurrence aux bêtes à cornes, si leur produit était aussi avantageux que le leur. Sans entrer dans des détails qui pourraient être contestés, nous pouvons préjuger qu'une solution aussi générale de la question, prouve suffisamment que par-tout où les bêtes à cornes peuvent être entretenues avec assez d'abondance, elles donnent un produit supérieur à celui des bêtes à laine, et en effet elles n'y sont admises qu'à la suite du gros bétail, pour achever les herbages que celui-ci ne coupe pas assez ras. C'est ainsi que dans d'autres pays les chevaux sont regardés comme un utile supplément d'un troupeau de bœufs.

C'est en effet l'élève du cheval qui exclut presque complétement les moutons de la Bretagne, de la Normandie, de l'Anjou, du Maine, et celui des mulets du Poitou; mais par-tout où l'engrai des bœufs, ou la nourriture des vaches, n'a pas lieu constamment au pâturage, ce n'est pas le cheval, mais le mouton qu'on associe aux bêtes à cornes; ce sont eux qui servent à consommer les herbages peu élevés, les chaumes et les débris de la nourriture sèche des bœufs, genre d'alimens que les chevaux ne consommeraient pas avec le même avantage. C'est ce dernier cas qui a lieu dans la région des moutons au nord de la Seine.

CHAPITRE II.

Position agricole des moutons.

Les ressources que l'agriculture de ces différens pays offrent aux moutons sont aussi variées que les sols et les climats, mais elles peuvent se réduire à quelques circonstances générales, 1°. les moutons paissent toute l'année dans un pâturage qui, à toutes les époques, leur offre une nourriture suffisante ; 2°. ou bien le pâturage n'est suffisant que pendant une partie de l'année seulement.

Dans ce dernier cas, ou bien, 1°. les moutons sont traités en troupeau permanent et sans supplément de nourriture ; ou bien, 2°. on n'entretient qu'un troupeau temporaire dans la saison où les pâturages sont suffisans à son entretien ; ou bien 3°. on fait transhumer le troupeau dans la partie de l'année où le paturage est insuffisant ; ou bien 4°. enfin, on nourrit, dans cette saison de disette, le troupeau avec des fourrages

supplémentaires que l'on a cultivés et tenus en réserve pour lui.

En examinant ces différentes circonstances pastorales, qu'il me soit permis de sortir des géné-
ralités, d'adopter, pour représenter chaque cas,
les faits de mon expérience, et les résultats que
ma position de propriétaire dans plusieurs départemens me permet de décrire d'après des
données réelles. Il sera toujours facile d'ajouter
à ce tableau de nouveaux points de vue, eh! qui
pourrait les épuiser tous? mais au moins je me
renfermerai ainsi dans des faits positifs, et ils
seront assez variés pour pouvoir être applicables à
un grand nombre d'autres situations.

ARTICLE 1er. — *Pâturage suffisant toute l'année.*

Quand un terrain est assez fertile et assez frais
pour donner toute l'année un pâturage abondant,
il est bien à craindre que les moutons n'y soient
sujets à la pourriture : aussi élève-t-on rarement
des troupeaux permanens de brebis, et se borne-
t-on, si l'herbe vient suffisamment haute et
épaisse pour suffire à l'engrai des bœufs, à avoir
un troupeau de moutons, qui achèvent de raser
les herbages. Dans d'autres cas, comme aux environs d'Arras, on associe les moutons aux vaches

nourries à l'étable (1). « On les renouvelle tous
» les ans et on les vend séparément en deux ou
» trois lots, à mesure qu'ils sont engraissés ; le
» marchand qui les achète dans cet état pour les
» mener aux marchés de Lille ou de Poissy, en
» amène un plus grand nombre de maigres, parmi
» lesquels le cultivateur en choisit autant qu'il en
» a livré, et il reçoit quatre, cinq ou six francs
» pour chacune ». Ces moutons sont de race
flandrine, ne sont élevés que pour leur suif,
parquent une partie de l'année et consomment
les chaumes qui, après les moissons, sont remplis de traînasse (*polygonum aviculare*) et de
spergule, qui engraissent très-pomptement le bétail ; le reste de l'année, ils se nourrissent de re-
pousses de fourrages, d'herbes adventices, etc.
Dans ce pays, on entretient environ un mouton
par hectare et une vache sur cinq moutons. Dans
les pays du midi, nous ne connaissons rien de pareil en grand : les cas semblables se réduisent à
des coins privilégiés, où effectivement la force de la
végétation est assez grande pour offrir, toute l'année, un pâturage abondant à quelques moutons.
Ces cas sont trop rares pour pouvoir être d'un
grand poids dans notre thèse générale.

_____

(1) *Nouvelles Annales d'agric.*, t. XIV, p. 37 et suiv.

ARTICLE 2. — *Pâturage insuffisant une partie de l'année;
troupeau permanent sans supplément de nourriture.*

Parmi les faits de cette espèce que je connais,
je crois pouvoir en choisir deux : je ne m'appe-
santirai pas sur le premier, qui n'est pas tiré de
ma pratique, mais de la *Relation de la maladie
rouge de Sologne* par *Flandrin* (1). Cet auteur ne
nous donne pas les résultats économiques de l'é-
ducation des bêtes à laine dans ce pays ; mais je
crois pouvoir affirmer que les animaux traités
avec une alternative d'abondance et de disette ne
rapportent aucune rente et ne sont admis que
faute d'autre moyen de se procurer des engrais.
C'est au reste ce que démontrera clairement le
second exemple, auquel je puis donner des développemens que me fournit l'expérience.

En Sologne, les moutons sont conduits, en
hiver et au printemps, sur des plaines immen-
ses couvertes de bruyère ou de fougère, où le sol
est des plus arides. Le mouton peut à peine y
saisir quelques herbes, et si, dévoré par la faim,
il se jette sur la bruyère, cette nourriture paraît
lui être très-nuisible, et conduit l'animal au dépé-

(1) *Instr. vétér.*, 1782-1790, p. 325.

rissement. Ainsi, nourri d'herbes malfaisantes, le mouton devient sujet à ce terrible mal de sang, qui détruit des troupeaux entiers dans cette fatale saison, où l'instinct de l'animal est dompté par sa faim. Enfin vient la moisson et, conduits sur des champs abondans en herbes, les moutons reprennent en peu temps de l'embonpoint et se remettent de l'état de maladie auquel les avait réduits une nourriture malfaisante.

Je prends mon second exemple à Carpentras, département de Vaucluse, situé dans la région méditerranée. Son sol est formé d'une couche de terre calcaire graveleuse, sous laquelle, et à peu de profondeur, se trouve une couche d'argile fort épaisse, ou de grès molasse imperméable; il est cultivé en seigle, oliviers, mûriers et vignes. Quand la couche inférieure est un peu éloignée de la surface, le sainfoin vient très-bien; mais ces terrains privilégiés sont rares.

Dès que le mois de mars ramène des jours un peu plus chauds pour nos climats, le territoire reverdit et donne quelque pâture aux moutons. Vers la fin de mai, la sécheresse desséchant le sol et arrêtant la végétation, les terres fermes et les jachères se trouvant toutes travaillées, les troupeaux souffrent beaucoup jusqu'à

la fin de juin, que les moissons achevées permettent enfin aux bergers de les faire entrer
sur les chaumes; mais alors ils sont sujets à la
maladie rouge, qui est sans doute causée par la
mauvaise nature des herbes qui croissent parmi
les blés. La première pluie de septembre reverdit un peu le terrain, puis les vendanges,
en ouvrant aux troupeaux le parcours des vignobles, les mettent dans l'abondance en leur
procurant une nourriture saine : c'est le moment où les troupeaux acquièrent le plus d'embonpoint et jouissent de la meilleure santé. Cet
état dure jusqu'aux premières gelées ; quelquefois la beauté du climat procure aux troupeaux
un bon pâturage pendant tout l'hiver ; rarement
des froids extraordinaires, ou des pluies prolon-
gées, obligent de leur donner un peu de paille
au ratelier. Tel est l'état pastoral de ce pays.

Sur de tels sols il a fallu d'abord se créer, par
la continuité de la misère, une race qui s'adap-
tât à ces dures conditions et qui n'exigeât que le
minimum de nourriture pour sa subsistance : on
est parvenu à avoir des brebis qui pèsent vingt-
sept kilogrammes, qui portent des toisons d'un
kilogramme et demi environ. Dans la même position de gêne, *Thaër* (1477) nous cite des bêtes
des Landes qui ont un kilogramme de laine et

quinze kilogrammes de chair nette; ce qui revient au même poids que les nôtres pour l'animal vif. Cependant cette race est encore bien forte en comparaison de celle de Suisse, qui ne pèse que dix-huit kilogrammes en moyenne (1).

J'ai essayé d'importer des animaux plus forts dans cette position, ils y sont tombés dans le marasme; des mérinos n'ont pu y vivre plus d'un an; leur laine tombait par flocons, et ils étaient dans un état de dépérissement si prononcé que je me hâtai de les transporter ailleurs.

La race qui s'est formée sur ces côteaux est petite, a la laine très-fine, est, pour ainsi dire, infatigable, trouve sa vie dans des terrains presque nus et donne ainsi le moyen d'utiliser ces vastes étendues où l'œil peut à peine distinguer une herbe. La nature s'est pliée aux conditions qu'on lui avait assignées: elle a modifié le mouton, elle a créé le type qui convient à cette vie pénible. Par-tout où l'on retrouve ces mêmes circonstances dans le midi, on retrouve aussi cette même race; dans les départemens de l'Hérault, de l'Aveyron, elle permet de consommer les chétifs herbages de l'Arzac; mais l'immensité de ces pâturages suppléant à leur aridité, de nombreux troupeaux

_____

(1) *Bibl. britan.*, Agric., t. XV, p. 18 et suiv.

exigeant peu de garde y produisent encore une petite rente (1).

J'ai été curieux de savoir ce que le troupeau rapportait de nourriture d'un tel pâturage. J'ai fait peser trois brebis pleines, avant leur sortie, elles donnèrent quatre-vingt-sept kilogrammes; à leur rentrée, le soir, elles n'eurent absolument que le même poids; deux brebis qui avaient des agneaux, ayant été pesées de même, donnèrent cinquante-cinq kilogrammes avant d'aller au pâturage, et soixante kilogrammes le soir en revenant. Il est clair que les premières avaient entièrement digéré, assimilé, excrété une partie de nourriture contenue dans leur estomac égale à celle qu'elles avaient prise, et que les secondes avaient transformé en lait ou en matière pour le produire, deux kilogrammes et demi par tête.

Sur un pareil sol, de plus grosses bêtes ne pourraient trouver une nourriture plus forte que les petites, l'herbe n'est pas ici à portée pour la manger à pleine bouche, il faut aller à sa recherche, la cueillir brin à brin; ce terrain ne peut

(1) Girou de Buzaringues, *Essai sur les mérinos*, pag. 17-18.

donc entretenir qu'exactement la masse de chair
que peut nourrir la quantité moyenne de nourriture qu'il fournit ; au-dessus de cette masse, il y
a déficit de nourriture. Or, si d'après de nombreuses expériences (1), il faut environ quatre
livres et demie de bon foin sec pour nourrir pendant vingt-quatre heures un quintal de chair,
il est clair que deux kilogrammes et demi d'herbe
verte, qui se réduit au moins de moitié (elle est
peu aqueuse de sa nature), c'est-à-dire d'un kilogramme et un quart, ou deux livres et demie,
ne peuvent entretenir que des individus d'un poids
de cinquante-cinq livres environ, poids exact de
nos moutons.

L'absolue nécessité où l'on est de donner une
nourriture plus abondante aux mères pendant
l'allaitement, et la difficulté de se la procurer,
font que le nombre des brebis est borné à l'étendue de ces ressources supplémentaires, et que tout
le reste du troupeau consiste seulement en moutons.

Dans cet état de choses, les fermes nourrissent
environ deux têtes de bétail par hectare, avec

---

(1) Expériences de Crud , *Bibl. britan.* , Agric., t. XV;
et *Bibl. britan.,* t. VII, p. 446.

l'aide des vacans et des montagnes communales qui les avoisinent, et sur lesquelles il leur est permis de vaguer en payant une légère redevance: ce nombre est à-peu-près celui qui avait été fixé par les parlemens de Bourgogne et de Paris (1). Quoique ces troupeaux profitent du parcours des terres en jachère, il serait injuste de leur attribuer ici le retard des progrès des bons assolemens; car plusieurs pays voisins qui n'ont pas de moutons, ne sont pas plus avancés, et d'ailleurs le parcours n'est ici que facultatif et mutuel. Les véritables causes de ce retard sont les progrès de quelques cultures spéciales, comme la vigne, le mûrier, la garance; ces cultures absorbent la plus grande partie des capitaux, qui pourraient être destinés à d'autres améliorations, et le mûrier, planté en bordures le long des terres, s'oppose presque inévitablement à l'accroissement des prairies artificielles là où les terres ne sont pas très-étendues. Cependant, malgré ces cultures industrielles, et malgré le parcours des moutons, les assolemens où l'on fait entrer le sainfoin et la luzerne gagnent du terrain et amèneront sans doute des changemens remarquables dans la mé-

(1) Tessier, *Instr. sur les bêtes à laine*, p. 127.

2

thode de nourrir le bétail, et on finira par lui donner quelque nourriture supplémentaire dans les saisons de disette.

En attendant, quelle valeur attribuer à cette dépaissance? Elle est bien faible dans ce pays, où elle n'aurait aucune valeur vénale, et un domaine gagnerait bien peu de chose sous le rapport de la fertilité, à ne point être parcouru par les moutons; cependant on y trouverait l'avantage de pouvoir faire les cultures plus à propos, de pouvoir renverser les guérets avant l'hiver, ou même tout de suite après la moisson. Là où huit têtes de bétail s'entretiennent bien sur un hectare de chaume, on en afferme le pâturage à raison de trente-deux francs; ici, où quatre bêtes n'y trouvent qu'une vie chétive, on ne peut guère en porter la rente qu'au quart de cette valeur, ou à huit francs environ.

Pour se faire, maintenant, une juste idée des résultats économiques de ces éducations, il faut les lier au mode d'exploitation usité dans le pays: les fermes y sont tenues généralement par des métayers, et les profits des troupeaux y sont partagés entre le propriétaire, qui fournit le cheptel, et le fermier, qui se charge de toutes les dépenses annuelles : nous allons donc dresser ici deux comptes, celui du maître et celui du fermier, d'après les données qui m'ont été fournies par mes propres comptes fidèlement tenus.

Compte du propriétaire d'un troupeau de cent *moutons,* à Cairenne, *département de Vaucluse.*

La valeur des bestiaux étant supposée de dix francs, l'intérêt à six pour cent est de. .   60 fr.

La mortalité, en y comprenant les années où le mal de sang sévit, ne peut pas être portée à moins de dix pour cent ; et comme le fermier est chargé de la moitié de l'entretien du troupeau.   50

Intérêt de la valeur d'une bergerie qui a coûté douze cents francs, à six pour cent.   72

La moitié de la valeur des chaumes et dépaissances.   100

La moitié de la valeur de cent quintaux de paille consommés dans les jours de pluie, à un franc quarante centimes. . .   70

Un quintal de sel.   13
                                      ——
                                   365

Produit.

La moitié de cent toisons de deux kilogrammes, à un franc le kilogramme. . .   100

Vente de moutons mi-gras, un cinquième de la totalité, à quatorze francs la moitié du propriétaire.   40
                                    ——
                                  140

2 *

Report. . . . . 140 fr.

Il reste pour payer la moitié de la valeur
de neuf cents quintaux de fumier produit
par ce troupeau. 225

365 fr.

Le fumier revient donc à quarante et un centimes, ce qui est un prix très-élevé pour le pays
et pour l'usage qu'on en fait. La persévérance
dans ce système s'explique naturellement, si l'on
veut bien remarquer que le propriétaire ne sort
que cinquante francs de sa poche pour remplace-
ment de moutons morts ; qu'il reçoit effectivement cent quarante francs ; que le fonds du troupeau étant acheté, la bergerie construite par ses
prédécesseurs, il ne met pas ce genre de dépense
en ligne de compte ; que d'ailleurs il n'est pas
tenu de vendre sa paille, et qu'il ne saurait que
faire de ses chaumes. Ainsi, bien que les résultats ci-dessus soient bien réels, le propriétaire
peut croire gagner quatrevingt-dix francs sur son
troupeau, et comme il ne trouverait pas de fumier
à acheter, et qu'un changement total de système
l'entraînerait dans des frais qu'il ne peut pas faire,
il est forcé de continuer à suivre la route tracée et de se borner à améliorer peu-à-peu sa si-

tuation, faute d'énergie ou de fonds pour en sortir tout-à-coup.

Compte du métayer qui tient un troupeau de cent moutons à Cairenne.

Le berger est pris le plus souvent parmi ses enfans. S'il est obligé d'en nourrir un, il ne passe en compte que ses gages, le méteil et l'huile dont il est obligé d'augmenter sa provision : ces objets se montent rarement à plus de....... 190 fr.

La moitié de la paille..........	70
Mortalité..................	50
Moitié des chaumes et dépaissances..	100
Un quintal de sel............	13
Entretien des claies, auges, etc....	6
Tondage................	6
	435 fr.
Recette.................	140

Reste, pour la valeur de la moitié de cinq cents quintaux de fumier....... 295 fr.

Il paie donc soixante-quatre centimes le quintal, et comme il ne se vend que trente-cinq centimes, il perd vingt-neuf centimes par quintal ou un franc trente centimes par tête de mouton.

Ce prix pourra paraître excessif; mais reprenons les articles ci-dessus et nous comprendrons ce qui peut faire illusion à notre fermier sur ce résultat. 1°. Le berger est souvent suppléé par un fils de la ferme, auquel on ne donne point de gages: on ne doit donc compter souvent que sa nourriture au plus; ceci est l'état habituel des choses: ainsi voilà cent francs que le métayer ne compte pas. . . . . 100 fr.

2°. Une condition de son bail est de ne point vendre la paille : ainsi il faut qu'elle soit consommée sur la ferme et il ne la passe point en compte : autre article à retrancher. 70

3°. Il n'imagine certainement pas de changer ses habitudes de culture, quand même il se trouverait sans troupeau : ainsi il ne peut pas compter des chaumes : autre article à retrancher. 100

Total à retrancher. . . 270

La dépense se trouve donc réduite à cent soixante-cinq francs. Elle se trouve presque couverte par une recette de cent quarante francs. Son fumier n'est donc représenté que par une faible somme de vingt-cinq francs : aussi ces fermiers nous assurent tous qu'ils ont le fumier en bénéfice sur leur troupeau.

Mais il est si évident que le fumier coûte en défi-
nitive quarante et un centimes au maître et soixante-quatre au métayer, que s'ils venaient à s'entendre l'un et l'autre pour ne plus avoir de troupeau, et qu'ils trouvassent des fumiers à acheter,
le premier économiserait sûrement toutes les
sommes portées à son compte ; savoir, 1°. l'intérêt
de l'argent du capital du troupeau qu'il vendrait ;
2°. ce qu'il dépense annuellement pour couvrir la
mortalité et entretenir son cheptel, pour entretenir et réparer la bergerie, si ce n'est pour la construction à neuf ; 3°. la valeur du sel ; 4°. de plus il
est probable que le simple changement d'époque de
ses cultures lui procurerait en quantité et en qualité une augmentation de cent francs au moins sur
sa récolte de grains ; 5°. enfin il vendrait sa paille
au prix indiqué ; 6°. il en serait de même pour son
fermier. Je ne doute pas que ce calcul ne fût
souvent mis en pratique, s'il était possible d'acheter
d'une manière constante neuf cents quintaux de
fumier dans le pays dont nous parlons. Mais les
ressources en engrais y sont si faibles relativement
à l'étendue du territoire, que chacun garde pré-
cieusement pour ses cultures de légumes la petite
quantité qu'il en peut recueillir.

ARTICLE 3. — *Pâturage d'hiver ; troupeau transhumant.*

Si nos plaines des bords de la Méditerranée, brûlées des feux d'un soleil ardent, n'offrent pendant cinq mois que des pâturages arides à nos troupeaux, c'est alors la saison que les neiges des Alpes reculent à leur extrême limite, et mettent à découvert ces beaux tapis de verdure émaillés des plus riches couleurs. Nos vallées avaient reçu les troupeaux de l'habitant des Alpes pendant l'hiver ; il était venu chercher dans nos climats tempérés des pâturages pour ses troupeaux, c'est maintenant notre tour, et c'est parmi ses rochers que nous cherchons une végétation salutaire, qui disparaît chez nous pendant l'été. C'est le rapprochement des lieux où les saisons sont différentes, qui a donné naissance à la transhumance. En Calabre, en Espagne, en Provence, cet usage est né également des besoins réciproques ; mais dans les deux premiers pays, il ne se maintient que par un outrage perpétuel à la propriété, tandis qu'elle existe et se soutient en Provence, sous la loi commune, sans privilége et sans inconvénient. C'est des environs d'Arles que partent ces troupeaux voyageurs. L'île de Camargue, formée, à l'embouchure du Rhône, des alluvions de ce fleuve, présente de vastes pâturages formés d'un grand nombre de graminées, de cypéracées, de lotiers et de plusieurs plantes salées, telles que le chénopode maritime, les salicornes, les soudes, les arroches, l'inule, etc. Ce pâturage, abondant, n'est sain que dans les cas où le Rhône n'a pas versé et déposé son limon à sa surface (car alors il cause d'épouvantables épizooties de pourriture); il est partagé entre les brebis, les chevaux et les bœufs; mais les brebis y sont pourtant la principale branche des revenus du fermier.

Au levant de la ville d'Arles, se trouve la plaine de la Crau, vaste étendue de cailloux roulés, mêlés d'une petite quantité de terre rougeâtre, et établis sur un poudding impénétrable. Le pâturage que présentent les interstices de ces cailloux (*sub quibus gramen exoritur, à quo pecoribus suppeditatur ubertas*) (1), est d'autant meilleur, que la couche imperméable est plus éloignée de la surface. Les herbes que présente le terrain sont sèches, mais très-nourrissantes : ce sont en général différentes petites graminées. Cette plaine est absolument aride en été; en hiver, elle est chargée de bétail. Selon le calcul de *Lamanon* (2), elle contient vingt-sept mille hectares et cinquante-cinq

(1) Strabon, lib. iv.
(1) *Annales des Voyages*, t. III, p. 301 et 302.

mille têtes de bétail, ou environ deux par hectare. Depuis quelque temps, la tendance générale
est de forcer cette proportion ; mais aussi les arrosages de quelques portions environnantes du ca-
nal de Craponne ont procuré un peu de luzerne
pour les brebis allaitantes. Le prix de l'hectare
de pâturage était, il y quelques années, de cent
cinquante francs (en 1810) (1).

Tous les troupeaux des environs d'Arles sont
composés de femelles et d'agneaux. Chaque année,
au mois de mai, on vend les agneaux d'un an,
que l'on nomme *anouges* (antenois) ; les mâles
sont achetés par les Languedociens ; les habitans de
la Haute-Provence et du Dauphiné achètent un
mélange des deux sexes. S'il reste quelques mâles
invendus, on les joint au troupeau, pour être exposés de nouveau en vente à la descente de la
montagne. Le dépôt général pour les Alpes a lieu
dans les premiers jours d'avril ; la descente est
moins régulière ; elle a lieu plus ou moins tard,
dans le mois de novembre, selon que les neiges
sont plus ou moins précoces : tel est le système
pastoral des environs d'Arles. On voit que dans
la Crau il ne se lie pas au système agricole. Ce

---

(1) *Annales d'agric.*, t. XXXIX, p. 260, et t. XXI,
seconde série. p. 249.

sont des troupeaux sans exploitation rurale nécessaire. On a songé à utiliser les pâturages qui ne
pouvaient être améliorés par les eaux de la Durance, et sur lesquels aucune culture ne pouvait
offrir un profit raisonnable. Il semble qu'en Camargue la nourriture des bestiaux soit plus intime-
ment liée à l'agriculture, puisque les pâturages
sont presque toujours attachés au corps de la ferme.
Mais souvent cet avantage n'est qu'apparent, et
quand les herbes des pâturages sont en grande
partie des plantes salées, les fumiers contiennent
beaucoup plus de sel marin, dont les terres du pays
surabondent déjà. Elles ne peuvent être amen-
dées que par des couches de roseaux et d'autres
plantes, qui par la nature de leurs fibres n'admet-
tent pas le sel dans leur parenchyme. Cet engrais
végétal y est donc préféré avec raison à celui des
moutons, qui n'est jamais employé dans ce cas
qu'avec précaution, et est alors vendu en grande
partie aux propriétaires de vignobles du Languedoc, qui viennent le chercher.

Ces faits posés, examinons les détails économiques de ces troupeaux.

Dépense d'un troupeau composé de mille *brebis, aux* environs d'Arles.

Cinq bergers, nourriture et gages. 2,500 fr.
Pâturage en Crau ou en Camargue,

Report. . . .	2,500 fr.

pour l'hiver , à trois francs environ
pour ceux qui louent pour plusieurs
années 3,000

Pâturage d'été à la montagne, com-
pris les frais de route, etc.. 2,000

Perte, un dixième sur la valeur
du troupeau, les brebis à dix francs
l'une dans l'autre 1,000

Intérêt de la valeur du troupeau
à six pour cent. 600

Intérêts du capital circulant, à dix
pour cent. 750

Tondage, menus frais , etc.. 150

_____

10,000 fr.

_____

Produit.

Sept cents agneaux à huit francs. 5,600 fr.

Mille toisons à soixante-cinq francs
le quintal (la toison pèse cinq livres) :
cette laine est très-nette et vaut plus
que celle des troupeaux sédentaires. 3,250

Fumier. Six cents quintaux (fumier d'hiver et de nuit seulement),
à quinze centimes le quintal, prix
moyen du pays, où l'on vient le cher-

Report. . . .	8,850 fr.
cher de très-loin (1).	750

Quelques fromages (*pour mémoire*) servent à la nourriture des bergers.

	9,600
Perte	400
	10,000 fr.

Cette perte n'est qu'apparente ; elle porte sur l'intérêt du capital circulant, et la plus grande partie de ce capital n'étant soldée qu'à la fin de l'année, l'intérêt n'avait pas dû être compté sur la totalité. On voit que j'ai fait naître à dessein cette irrégularité, pour la relever. Rien n'est plus instructif en effet que d'examiner ainsi en critique les comptes des agronomes, on voit les raisons pour lesquelles une culture, une industrie subsistent malgré les chiffres, quand ils ont été mal placés. Le profit est en effet de trois cent cinquante francs ou de trente-cinq centimes par tête. Ainsi l'industrie pastorale d'Arles consiste à obtenir un intérêt de plus de douze pour cent du capital que l'on emploie en troupeaux, et ce pro-

(1) Truchet, dans les *Annales d'agric.*, t. XXXIX, p. 256. Ses données sont conformes aux nôtres.

fit est suffisant pour qu'elle continue à exister,
parce qu'elle tient d'ailleurs à la nature du sol,
et que les pâturages de la Crau ne peuvent être
consommés que de cette manière.

Voyons maintenant ce que l'on peut espérer de
l'élève des agneaux substitués à leur nourrissage.
Pour bien suivre cette opération, on achète des
agneaux, on les envoie à la montagne après les avoir
tondus; on les hiverne dans les pâturages du pays;
ils vont une seconde fois à la montagne, passent un
second hiver, et à la troisième année on les vend
après les avoir tondus pour la troisième fois.

Nourrissage d'agneaux à Tarascon ; troupeau de deux
cents *agneaux.*

Achat de deux cents agneaux, à huit
francs . . . . 1,600 fr.
Montagne, à un franc soixante-quinze
centimes par an, pour deux ans   700
Hivernage, deux années à trois
francs l'an, ... 1,200
Berger, deux années. 1,000
                                        ─────────
                                          4,500

Produit.

Agnelins, à soixante-quinze centi-
mes. 150

Report. . .   150 fr.

Tonte de l'antenois et de la brebis,
à trois francs.   1,200

   Revente, à douze francs.   2,400

   Fumier de l'hiver et de la nuit,
deux cents quintaux pour deux ans, à
trente centimes, l'élève se faisant dans
des pays un peu plus favorisés par la
nature de l'engrais que le précédent.   600

                         4,350

Perte.   150

                         4,500

Si j'en juge par la rareté de cette spéculation
dans les pays voisins d'Arles, je présume que ce
compte doit être exact, et que l'on réalise une
perte quand les hivernages reviennent à trois
francs par tête de bétail. D'ailleurs nous n'avons
pas porté en compte l'intérêt du capital circulant,
ni du capital du cheptel. On voit donc qu'il faut
des circonstances particulières pour se livrer à cette
spéculation, et ces circonstances ne peuvent être
autres que de vastes pâturages à moutons, où l'hivernage ne coûte pour ainsi dire rien, comme on
en trouve en Languedoc et en Dauphiné. Toutes
les fois que les fermiers d'Arles ne trouvant pas la

vente de leurs agneaux, ont été obligés de les garder une année de plus, ils ont éprouvé de grandes
pertes, que ce compte rend bien sensibles.

ARTICLE 4. — *Pâturages insuffisans, avec fourrages
supplémentaires.*

Aux environs de Tarascon, depuis la Durance
jusqu'aux portes d'Arles, on trouve une industrie
pastorale bien différente. Ici, toutes les terres
sont entièrement en culture, et la plupart des domaines n'ont d'autres parcours que leurs jachères,
et d'autres ressources d'hiver qu'un supplément
abondant en luzerne ou autre fourrage tenu en
réserve pour le troupeau. Dans toutes les situations où le mal de sang ne sévit pas, ce mode, où
les troupeaux jouissent d'une grande abondance,
se soutient bien quant à l'avantage que procurent
les troupeaux; mais sous le point de vue agricole, il a
le désavantage de favoriser l'existence de la jachère,
et d'établir une résistance inerte aux améliorations.

Les troupeaux sont entièrement composés de
brebis d'une forte taille, dont le plus grand nombre
donne deux agneaux en trois ans. Cependant les
bêtes trop jeunes, ou celles qui sont stériles, com-
pensent cette fécondité, de sorte que l'on compte
annuellement, en moyenne, un nombre d'agneaux
égal à celui des brebis. Le troupeau se renouvelle

par un septième d'agneaux choisis qu'on y fait entrer annuellement. Le reste des agneaux est engraissé au lait, de sorte qu'au quinzième jour environ, chaque agneau tette deux mères, et qu'au bout d'un mois ou six semaines au plus tard, il est vendu, pesant vingt-cinq à trente livres, sans avoir mangé le moindre brin de fourrage. Ces excellens agneaux de lait sont l'objet d'un commerce avec les villes environnantes de Nîmes, Avignon, Marseille, Montpellier, etc.

Les provisions du troupeau sont quatre quintaux de luzerne par brebis-mère, dans toutes les situations où il n'y a pas de pâturage rapproché. Les possessions situées près des Alpes sont favorisées, sous ce rapport, à proportion de leur rapprochement; mais par-tout où l'éloignement de la montagne est trop considérable, on n'y compte plus du tout. Outre cet approvisionnement en fourrage fin, on compte deux ou trois quintaux de foin grossier ou roseaux de marais pour chaque brebis non mère, et en outre, pour les brebis-mères une étendue de terrain semée en orge ou avoine, qu'elles dépaissent deux fois dans l'hiver et au printemps, et qui doit être dans la proportion d'au moins un hectare par cent bêtes. Il faut ajouter à cela des regains de luzerne ou de sainfoin pour les brebis qui agnèlent

3

en automne, au moins aussi la quantité d'un hectare. Avec ces provisions on peut tenir environ quatre brebis par hectare de terre cultivable dans le domaine.

Le compte que nous allons tracer, d'après notre propre expérience et les données positives d'une comptabilité rigoureuse, nous feront apprécier cette intéressante industrie.

Dépense pour un troupeau de deux cents bêtes à Tarascon (Bouches-du-Rhône).

Un berger et un jeune berger. . .	780 fr.
Six cent quatre-vingt-huit quintaux de luzerne pour cent soixante-douze brebis mères, à deux francs. . .	1,376
Quatre-vingt-quatre quintaux de foin grossier pour les brebis non mères, à un franc cinquante centimes. . . .	126
Paille de litière, six cents quintaux, à un franc trente-cinq centimes. . . .	810
Pâturage des chaumes, trente-deux francs par hectare et quatre têtes par hectare.	800
Regains de luzerne et dépaissance d'orge à trente-trois francs l'hectare, quatre hectares.	152
	4,024

Report.....	4,024 fr.
Claies et menus frais, tondage, etc.	40
Intérêt du capital circulant, à dix pour cent.	406
Intérêt du capital du cheptel et assu-rance pour la vie d'un animal, qui a onze ans de vie moyenne, à quatorze pour cent.	364
	4,834

Produits.

Cent soixante-douze agneaux de lait à sept francs.	1,204 fr.
Vingt-huit brebis de réforme à six fr.	148
Deux cents toisons à trois francs...	600
Laine de vingt-huit agneaux, à soixante-quinze centimes.	21
Lait d'un troupeau médiocrement bien conduit, à deux francs par tête..	400
Fumier, quatre mille quintaux à trente-cinq centimes.	1,400
	3,773
Perte.	1,061
	4,834

Ou, par bête, cinq francs.

Est-ce encore une illusion qui met ce compte en perte? Peut-on appeler intéressante une industrie qui donne un pareil résultat? Que le lecteur veuille retrancher du compte des frais huit cent dix francs de paille de litière que le fermier n'a pas la liberté de faire consommer hors de la ferme, et la moitié de la valeur des chaumes, ou quatre cents francs, qui, en cas de vente, entreraient dans la poche de son maître, et il verra si le fermier n'est pas en bénéfice au lieu d'être en perte. On objectera sans doute que la paille est un objet de première nécessité dont le troupeau ne peut pas se passer; mais j'observerai qu'on y supplée sans frais par des couches de terre dont on garnit la bergerie dans toutes les situations où la paille est rare.

Je dois ajouter que le troupeau dont il est question dans ce compte est placé dans la position la plus défavorable de toutes, et que ceux qui sont placés près des pâturages, et auxquels on ne passe qu'un ou deux quintaux de fourrage de supplément, donnent un bénéfice considérable.

ARTICLE 5. — *Pâturages avec nourriture supplémentaire. Engrais de moutons.*

On retire un profit, obtenu avec moins de temps, des fourrages supplémentaires, dont on peut disposer, quand d'ailleurs on manque de chaume et de pâturage pour l'engraissement des moutons; et ici je ne parle pas d'un engraissement commencé, qui n'est jamais payé ce qu'il vaut; parce qu'il a beaucoup de concurrens : je parle d'un engraissement complet, qui est toujours payé à sa valeur, parce que ceux qui ont les moyens de s'y livrer sont rares, et que l'aptitude manque souvent à ceux qui auraient les avances nécessaires : aussi n'est-il pas rare de voir nos bouchers payer, par amour-propre et comme à l'enchère, un engrais complet au-dessus même du prix de la viande.

Ceux qui se livrent à cette spéculation achètent des moutons mi-gras en novembre ou fin d'octobre, ces animaux pèsent alors, pris dans nos races du midi, environ cent livres. On les met au pâturage dehors, et si le pâturage ne suffit pas, on leur donne quelque fourrage dedans, de manière à entretenir l'animal dans son poids déjà acquis. Deux mois avant Pâque, on commence la nourriture à l'étable. On donne au bétail quatre repas par jour d'une livre de foin, en totalité quatre livrés foin ou luzerne par tête d'animal. Les moutons acquièrent ainsi vingt ou trente livres de poids : à cette époque, ils valent vingt-quatre à vingt-huit francs par bête; mais la spéculation est si sûre, que ceux qui sont connus pour bons engraisseurs recevront sans difficulté dix francs par tête de mouton pour leur engrais, et sans faire aucune avance de capital : c'est sur cette base qu'il convient d'examiner l'économie de cette entreprise.

Frais d'un troupeau de cent moutons à l'engrais.

Frais de garde des bêtes pendant cinq mois : c'est ordinairement l'affaire d'un valet de ferme intelligent pour la direction, et d'un enfant pour la garde, tout se passant sur des pâturages circonscrits. . . . .   210 fr. » c.

Pâturage d'automne, à deux francs.   200   »

Quatre quintaux de fourrage par tête de mouton, à deux francs.   800   »
_____
1,210

Produit.

Prix convenu de l'engraisse- ment.   1,000   »

Neuf cents quintaux de fumier à trente-cinq centimes   325   »
_____
1,325   »
_____
Bénéfice.   115   »
Ou par bête   1   15 c.

Comme dans cette spéculation on ne songe pas à la beauté des toisons, on ne fournit pas de paille et on se contente de garnir de terre sèche le fond de la bergerie.

Article 6. — *Troupeaux temporaires.*

Quand on ne conserve pas de nourriture supplémentaire pour les troupeaux; qu'on n'a pas de bons pâturages d'été; qu'on ne se résout pas à voir souffrir un troupeau dans la saison de misère; qu'on n'a pas l'usage d'envoyer les troupeaux à la montagne; ou enfin quand les pâturages sont malsains dans certaines saisons, on se décide à avoir des troupeaux temporaires. Dans ce cas, ou bien l'on achète des moutons maigres pour les engraisser, ou bien des brebis de réforme pour en avoir l'agneau et la laine, les refaire et les vendre ensuite au boucher. Le choix dépend de la saison où l'on se trouve dans l'abondance et des débouchés plus ou moins favorables du voisinage.

Dans les pays à blé et à vigne, l'abondance commence après la moisson et dure jusqu'au commencement de l'hiver. Là, on achète des moutons quelque temps après la tonte, on les entretient, l'été, sur les chaumes; on les fait ensuite manger abondamment les pampres des vignes, et on les revend mi-gras à la fin de l'automne : les engraisseurs les achèvent alors par des fourrages secs. Ailleurs où il y a des pâturages d'hiver, on achète des moutons en automne pour les revendre le printemps suivant après en avoir ôté la toison, etc.

Le profit des troupeaux temporaires dépend entièrement du boucher et du savoir-faire de l'entrepreneur. Ceci est vraiment un commerce de spéculation, et en présente toutes les chances. J'ai vu des personnes y réussir constamment, et d'autres y être toujours malheureuses.

La garde de ces troupeaux coûtant environ la différence de la valeur de la vente à celle de l'achat, on peut dire qu'en général on retire le fumier, c'est-à-dire trois à quatre francs par mouton pour prix du pâturage qu'on leur accorde, et qui souvent n'aurait eu aucune valeur mercantile sans cette entreprise. Si le pâturage consiste en terres hermes et vagues, c'est un avantage de la position que l'on doit ajouter à la valeur du capital foncier que l'on possède ; mais si le pâturage consiste en jachère, nous avons assez montré le tort que le propriétaire peut recevoir de leur parcours prolongé, pour qu'on juge aisément qu'il n'y a pas même compensation.

ARTICLE 7. — *Observations générales.*

Reportons un moment nos yeux sur les détails pastoraux que nous venons de parcourir.

La brebis transhumane donne un bénéfice de. . . . . » fr. 35 c.

Le mouton à l'engrais, avec supplément de fourrage, un profit de.. 1 15

La brebis non transhumane avec supplément de nourriture met en perte de. . . . . 5 »

Le mouton mal nourri met en perte de. 1 30

Il est facile de conclure de ces données que toute la nourriture nécessaire au simple entretien de la vie de la bête à laine est perdue, parce qu'un si grand nombre de positions offrent cette faible quantité, que, par l'effet de la concurrence, elle n'a aucune valeur. Il s'ensuit donc que toute position où la nourriture supplémentaire produite par l'art et coûtant un prix déterminé sera employée au soutien de la vie des bêtes à laine et non à leur engrais ou à la production du lait des nourrices, l'éleveur sera en perte, et que l'on ne peut se promettre du bénéfice qu'autant que le bétail sera nourri presque sans frais pendant toute la période où il ne donne pas im-

médiatement de vente. Cette règle ne souffre
d'exception que dans le cas où une agriculture
très-active paie le fumier à un prix très-élévé :
nous parlerons de cette circonstance dans la troisième partie.

Voilà les faits pour les bêtes du pays, nous allons examiner dans la seconde partie si les produits des mérinos peuvent les modifier en quelque chose, et dans quels cas peuvent avoir lieu ces
modifications.

DEUXIÈME PARTIE.

PRODUITS DES MÉRINOS EN PARTICULIER, ET FRAIS QU'ILS EXIGENT.

Nous venons de parcourir quelques cas de ces
nombreuses combinaisons agricoles et pastorales
auxquelles se trouvent soumises les bêtes à laine,
nous devons examiner maintenant en quoi la race
espagnole à laine fine diffère de la race commune
sous les rapports de son éducation, des frais
qu'elle exige et de ses produits ; nous serons ainsi
en état de juger les effets de leur substitution
dans l'économie pastorale.

Le caractère distinctif de la race mérinos est la
finesse, l'abondance et l'élasticité de sa laine. La
finesse seule, en effet, ne suffit pas pour la ca-

ractériser, quelques laines de Saxe la surpassent même sur ce point; mais les proportions de laine superfine sont moindres sur l'ensemble de la toison, et elle n'a pas d'élasticité.

Les autres caractères de cette race sont les suivans : les mâles ont des cornes contournées, les brebis sont sans cornes; les os sont gros, l'accroissement lent, et complet seulement à trois ans : ces animaux ont peu de gaîté et d'instinct; ordinairement la laine s'étend sur leur fanon et sur les jambes beaucoup plus bas que dans les autres races, elle couvre aussi souvent les joues. Au coup d'œil, la couleur sale de la laine, causée par l'abondance du suint, différencie le mérinos du mouton ordinaire.

Quant aux formes et à la grosseur, il y a de grandes différences entre les troupeaux de mérinos; on peut cependant les réduire à deux types principaux, la race trapue et la race légère.

La race trapue, qui se trouve dans toute sa beauté et son développement à Rambouillet, est basse sur ses jambes, a le corsage fort, beaucoup de fanon; elle est garnie de laine sur les jambes et sur la face. Le poids de la brebis varie de quarante-deux à trente kilogrammes : ce sont les deux extrêmes de poids qui se trouvent à Rambouillet et dans diverses bergeries publiques et particulières où cette race est propagée.

La race légère se remarque à Perpignan, Croissy, etc. Sa construction est élancée ; elle est
haute sur jambes, qui sont dégarnies de laine,
ainsi que le nez. Le troupeau de Croissy offrait
le maximum de grosseur et de poids de cette race,
comme celui de Perpignan en offrait le minimum :
ces deux limites étaient à-peu-près les mêmes que
pour la variété précédente. Celle-ci paraît plus
propre à la transhumance, aux voyages. Sa laine
est très-fine, mais ses formes sont moins favorables à l'engraissement.

Mais toutes ces différences n'offrent point de
singularité qui ne se retrouve dans nos races communes, si ce n'est la finesse et l'abondance de la
laine : c'est donc là l'élément principal à examiner, et si, toutes choses étaient égales d'ailleurs,
il suffirait d'établir le plus exactement possible
la comparaison du poids et de la valeur des toisons de mérinos et de bêtes communes, pour en
déduire la différence de la valeur de ces races;
mais la race mérinos compense aussi l'abondance
et la beauté de sa laine par quelques désavantages
qu'il nous faut examiner : nous avons donc une
tâche beaucoup moins simple à remplir, et c'est
en détail qu'il nous faut examiner ces différentes
circonstances, avant d'établir un jugement dé-
finitif.

CHAPITRE PREMIER.

Valeur des laines.

De même que toutes les marchandises, la laine n'a qu'une valeur relative, composée de son abondance et de son emploi. C'est en vain qu'on chercherait à lui trouver une valeur positive en calculant ce qu'il en coûte pour la produire : l'acheteur ne s'informe que de la facilité à se la procurer, le vendeur, de la possibilité de s'en défaire, et ce n'est qu'avec le temps et par la réduction de la production au niveau de la consommation que les marchandises atteignent leur valeur intrinsèque, qu'elles dépassent bientôt en plus ou en moins. L'art du spéculateur paraît donc consister à connaître parfaitement l'étendue du marché et celle de la production, et à juger d'avance des changemens d'équilibre qui sont prêts à s'opérer. Aucun négociant au monde n'a, à cet égard, des notions entièrement exactes ; car la statistique commerciale est encore dans l'enfance comme les autres statistiques, et c'est par le tact commercial, l'habitude de voir et de juger d'un ensemble sur des symptômes isolés, qu'on se décide encore aujourd'hui dans les entreprises, comme dans tous les arts conjecturaux qui manquent de données exactes, que leur procureront peut-être un jour la persévérance et l'étude. En attendant, la foule se jette aveuglément dans les débouchés qui s'ouvrent, sans calculer l'avenir, elle les encombre ; beaucoup périssent dans la presse, quelques-uns percent; le plus grand nombre rétrograde, pour se laisser entraîner de nouveau au gré d'un autre courant. Il est sans doute impossible d'estimer exactement la laine fine produite dans le monde, il l'est encore plus de conjecturer l'accroissement que peut prendre cette production. On ne peut juger non plus de l'avenir de la politique ; une guerre peut doubler subitement la consommation de la laine, la prolongation de la paix peut la réduire de moitié ; mais il est convenable de jeter un coup d'œil sur ceux de ces élémens que nous pouvons aborder, et d'y chercher toutes les données que l'on peut tirer de leur examen, dans l'état actuel de nos connaissances.

ARTICLE 1er. — *Besoins de la France en laine.*

Le seul moyen qui se présente pour estimer la consommation de la France pacifique en laine, est de prendre dans une condition moyenne une famille composée de cinq personnes, le père, la mère et trois enfans, et d'estimer ce qu'il lui en faut pour son habillement.

Nous entendons par condition moyenne celle
d'une famille qui a un revenu annuel de six cents
francs, qui est à-peu-près l'aliquote qui lui revient du revenu total de la France. Dans cette situation, tous les besoins sont satisfaits, et il n'y a
ni luxe ni misère. J'ai cherché avec soin et par
des informations exactes ce que coûtait l'habillement d'une telle famille. J'ai compensé la partie
de la nation qui est dans l'indigence, qui se revêt
de dépouilles et traîne d'anciens vêtemens, par la
plus grande consommation de la classe aisée.

L'habillement d'un homme se compose en drap
de cinq quarts de largeur.

Pour pantalon. . . . . de 1 aune.
   Veste....   1
   Gilet.... . . . .   0 $\frac{1}{2}$
                                  ——————
                                  2 aunes $\frac{1}{2}$

Ci. . . . . 3 mèt. » cent.
La moitié de cette quantité
pour chacun des trois enfans... 4   50
   Pour femme, jupons et veste
d'hiver...   3   »
                                 ——————
                                 10   50

Il faut ajouter, tous les ans,
un dixième à la consommation

Report. . . . . 10 mèt. 50 cent.
totale pour garde-habits, man-
teaux, couvertures, etc.   1   o5
_____
                      11 mèt. 55 cent.

Un tel habillement se re-
nouvelle complétement tous les
quatre ans; ce qui fait par an. 2 mèt. 88 cent.
   Et par individu. . . . .   o   58
  C'est à-peu-près une demi-aune de drap (l'aune
vaut un mètre dix-huit centimètres).

  Le drap croisé de Vienne, département de l'Isère,
qui est maintenant le plus généralement employé
dans le canton que j'habite, exige par aune,
pour sa fabrication, un kilogramme dix-sept centigrammes de laine commune du pays bien lavée.
Je prends une proportion très-favorable à l'ensemble des laines en suint, en supposant qu'elles
rendent, l'une dans l'autre, quarante centièmes de
laine lavée; ce qui nécessite deux kilogrammes
quatre-vingt-douze centigrammes par aune, et
par conséquent un kilogramme quarante-cinq
centigrammes de laine en suint par individu. Cette
quantité, multipliée par trente millions, qui est la
population actuelle de la France, nous donne un
produit de quarante-trois millions de kilogrammes de laine pour sa consommation annuelle. En

supposant le poids moyen de la toison de deux kilogrammes, ce qui est encore une poportion que je crois trop forte, nous aurons vingt-deux millions de bêtes à laine pour le nombre nécessaire pour fournir à cette consommation.

Selon M. *Morel de Vindé* (1), il faut cinq livres un tiers, et selon M. *de Polignac* (2) six livres de laine de mérinos en suint pour faire une aune de drap fin ; mettons trois kilogrammes, qui se réduisent à un kilogramme au lavage. Il paraît que nos différentes fabriques manufacturent près de deux millions d'aunes d'un pareil drap, ce qui nécessite en ce moment un nombre égal de kilogrammes de laine lavée, résultant de six millions de kilogrammes de laine en suint, produit d'un million cinq cent mille mérinos. Telle serait la limite fatale du nombre de mérinos nécessaire à la France, s'il était vrai qu'un grand nombre des usages de nos laines communes ne pussent être suppléés avec grand avantage par les laines fines. Ceci est une erreur encore trop générale ; mais si, au contraire, il est vrai que la finesse de la laine entraîne toutes les autres qualités, durée, agré-

---

(1) *Mém. sur la parité des laines*, etc., p. 28.
(2) *Rapport sur les mérinos*, p. 18.

4

ment, légèreté avec la même force ; s'il est vrai qu'un tapis de pieds, un manteau, une casaque même de berger soient d'un usage plus agréable en laine fine qu'en laine grossière, on verra que l'amélioration des laines pourrait n'avoir d'autres limites que les besoins absolus de la France en laine, si elle n'avait pas des limites relatives au sol et aux circonstances agricoles.

ARTICLE 2. — *Productions de la France en laine.*

En 1808, avec les besoins de nombreuses armées, nous importions trois millions de kilogrammes de laine fine ; savoir, cent cinquante mille kilogrammes d'Espagne et autant de Saxe : il paraît que la France se suffisait à elle-même pour la laine commune. Supposons que la quantité importée en surge représentât six millions de kilogrammes de laine en suint, il s'ensuivrait que la France récolterait encore trente-sept millions de kilogrammes de laine commune, provenant de vingt millions de moutons.

Ces calculs cadrent si bien avec les données statistiques recueillies par M. *Chaptal* (1), et avec celles de Lavoisier (2); et ces mêmes données,

---

(1) *Industrie française*, t. I, p. 179.
(2) *Résultats*, etc.

comparées à ce que nous connaissons des départemens qui nous entourent, nous ont paru si
exactes, que nous ne pouvons guère douter des
résultats qu'elles nous donnent.

Cette quantité peut-elle beaucoup s'accroître ?
Je ne le pense pas. Les défrichemens des landes
la réduisent chaque année, les prairies artificielles maintiennent à peine l'équilibre en donnant les moyens de nourrir un peu mieux les
animaux ; mais nous voyons que la bonne culture exclut les moutons de tous les lieux qui ne
sont pas voisins des pâturages, et qu'on s'y livre
à d'autres industries ; mais l'accroissement serait rapide et immanquable, si les produits des
moutons montaient à un prix qui payât les fourrages cultivés. Cette circonstance donnerait une
grande impulsion à l'élève des moutons ; mais il
ne peut résulter que d'une culture généralement
perfectionnée, même chez les nations voisines,
qui détruirait au loin les terres hermes et les pâturages ; d'une consommation de viande plus générale et de l'augmentation de l'aisance, qui engage-
rait les peuples à renouveler plus souvent leurs ha-
bits. Si nous faisions porter cette augmentation sur
la laine seulement, nous verrions qu'il faudrait
qu'elle se vendît deux francs le kilogramme en
suint, pour pouvoir, indemniser le cultivateur

4 *

de la dépense de l'animal. Dès-lors les fermes se couvriraient de moutons et de brebis, et cette augmentation n'aurait d'autre borne que celle de la production en fourrage de la France et de la concurrence des autres genres d'éducations. Plus de cent vingt millions de bêtes à laine, qui fourniraient six fois la laine nécessaire à l'approvisionnement de notre patrie, ne seraient pas encore le maximum que l'on pourrait atteindre. Malheureusement nous sommes fort loin de réaliser cette chimère, et la laine n'est qu'à un franc le kilogramme, au lieu de deux francs qu'elle devrait valoir pour couvrir les frais du fermier.

ARTICLE 3. — *Mérinos en France.*

La France a importé d'Espagne près de neuf à dix mille mérinos : c'est de ce point qu'elle s'est élevée pour avoir déjà en 1809, selon M. *Tessier* (1), quatre cent mille mérinos et six millions de métis.

Les états de la laine superfine produits par département font soupçonner ce nombre d'un peu d'exagération, et si nous n'avions égard qu'aux tableaux de M. *Chaptal* (2), il ne faudrait le

(1) *Annales d'agriculture*, t. XXXVII, p. 299.
(2) *Industrie française*, t. I, p. 179.

porter qu'à deux cent mille mérinos et un million de métis. Quoi qu'il en soit, nous devons chercher à augmenter ce nombre jusqu'au point de satisfaire complétement à nos besoins en laines fines, et l'état de la France nous laisse beaucoup à désirer à cet égard. Le bas prix des laines a beaucoup ralenti la propagation des mérinos, et j'ai lieu de croire que celle de métis a rétrogradé dans beaucoup de départemens. On sait quelle controverse animée s'éleva, il y a quelques années, au sujet des moyens propres à augmenter ces prix. Les manufacturiers croyaient tout gagner en demandant la prohibition de la sortie de la laine mérinos, et ils n'avaient réussi par là qu'à achever la destruction de cette industrie. Les propriétaires de mérinos obtinrent la libre exportation, et le prix de leurs laines ne s'éleva pas, c'est qu'il aurait fallu en même temps prohiber l'entrée des laines étrangères, et alors nos manufactures auraient tombé. Le pouvoir est impuissant contre les obstacles naturels d'une aussi grande importance, et son intervention ajoute presque toujours aux embarras de la situation, ou fait naître de nouveaux embarras qu'il n'avait pas prévus. Les propriétaires de mérinos doivent attendre cette élévation de prix de l'augmentation de l'aisance, qui multipliera la consommation des draps fins ; du renouement des liens sociaux, brisés ou suspendus par l'esprit de parti, et dont la cessation a rendu les hommes indifférens sur leur toilette, qui produira le même effet ; du développement de l'industrie, qui créera de nouveaux genres de consommation en harmonie avec les goûts et les besoins du jour. Liberté du commerce, modération des impôts, tranquillité et sûreté pour tous ; c'est de ces sources fécondes que découleront tous les biens. Puissions-nous bientôt en goûter les heureux effets !

ARTICLE 4. — *Mérinos à l'étranger.*

Cependant s'il était possible que les étrangers produisissent constamment la laine de mérinos à un prix inférieur à ce qu'elle nous coûte, il faudrait désespérer d'atteindre à cette heureuse balance qui peut nous permettre d'accroître le nombre de nos mérinos indigènes. Voyons donc quelle est leur situation à cet égard.

Ce que nous avons de plus précis sur l'état du commerce des laines en Angleterre, c'est l'interrogatoire fait, à la Chambre des communes, en 1800. Il en résulte que les laines anglaises ne suffisaient pas à la fabrication, et que leur quantité allait en décroissant par l'effet du défrichement des communaux, qui tendait, par l'amélioration de la culture, à remplacer les moutons par des bœufs et des vaches, et les races de moutons à laine superfine par des moutons d'engrais (1). L'augmentation de la population de ce pays ; la grande consommation de la nourriture animale ; la facilité qu'il a de s'approvisionner de laine sur le Continent ; la diminution générale de la consommation des draps et du prix des laines depuis la paix : tout nous assure que cette tendance n'a point changé, et qu'ainsi ce que M. *La Borde* a pris pour une réussite des mérinos (2), n'est que l'effet d'essais partiels, et n'annonce qu'un succès disputé (3).

L'Allemagne nous fournit annuellement une grande quantité de laines fines. La Saxe a métisé presque tous ses troupeaux, et est parvenue à avoir des laines qui n'ont pas véritablement le nerf des laines d'Espagne, mais qui les surpassent en finesse, et qui réunissent d'ailleurs plusieurs qualités très-avantageuses aux fabricans. Ainsi elles sont singulièrement moelleuses, déchirent moins à la filature, exigent moins d'huile, font des draps fins, légers, peu foulés, qui conservent

(1) *Bibl. brit*, t. XII, p. 35 et suiv.
(2) *Esprit d'association*, t. I, p. 296, 2e. édit.
(3) *Syst. d'agr. d'Holkam*, p. 67; et *Bibl. universelle agric.*, t VI, p. 29 et suiv.

leur aunage à l'apprêt, et sont goûtés pas les con-
sommateurs. Les laines espagnoles et françaises
ne pourraient remplacer celles-ci selon l'opinion
de beaucoup de fabricans ; mais ce genre de consommation est nécessairement borné, et ces laines
exigent d'être mélangées à des laines plus nerveu-
ses. D'ailleurs il ne faut pas renoncer à se procurer les mêmes qualités de laines en France, soit
par la double tonte, comme on le pratique en
Allemagne, et comme on l'a proposé dernière-
ment, soit par certains croisemens ; et si nous
pouvions les créer avec concurrence, il n'est pas
douteux que cette industrie, déjà bornée par le
voisinage des bêtes à cornes et par la nécessité de
se procurer, dans ce climat, des nourritures supplémentaires d'hiver, ne prendrait pas un fort grand
développement. Les nouvelles lois espagnoles,
en rendant à chacun le droit de propriété, en dé-
truisant les priviléges de la *Mesta*, tendront sans
doute aussi, mais avec une lenteur proportionnée
à l'état de décadence où était tombé ce pays, à
réduire le nombre de ses moutons.

En général je ne pense pas qu'un accroissement assez fort pour avilir beaucoup le prix des
laines puisse venir en ce moment de l'amélioration de l'agriculture ; mais il peut n'avoir point
de bornes dans un pays à pâturages abondans,

qui aurait peu de population, et où l'on introdui-
rait tout-à-coup la race des mérinos. La première
industrie d'un pays désert et fertile est l'industrie pastorale ; elle s'associe fort bien avec l'entreprise d'ouvrir quelques sillons et de récolter un
peu de blé ; mais la culture exige un fonds de population considérable, et tandis qu'elle s'accroît
avec lenteur, les troupeaux s'étendent rapidement sur les terres encore vierges, et leur font
produire une rente. Quand dans un pays de ce
genre le terrain sera naturellement sec, le mouton tiendra une grande place dans l'économie :
c'est ainsi qu'on le voit se multiplier depuis quelques années dans la Nouvelle-Galles et dans la
Russie méridionale. Ailleurs, où les pâturages
sont humides, comme en Hongrie, on s'adonne
à l'éducation des bêtes à cornes et des chevaux.

En 1803, le capitaine *Arthur* annonçait qu'il
avait à Botany-Bay quatre mille brebis qui n'a-
vaient que des béliers espagnols ; il calculait sur
un doublement de nombre de trente en trente
mois, et il affirmait que dans vingt ans la colonie pourrait fournir toute la laine qui s'importe
en Angleterre. Voilà quelles étaient alors ses as-
sertions et ses espérances (1). Mais en 1811, il

_____

(1) *Bibl. britan.*, Agric., t. X, p. 74.

n'avait pas fait les progrès qu'il avait annoncés. Il n'avait que quatre mille six cents bêtes à laine, et il paraissait s'être entièrement adonné à la production de la viande au préjudice de sa spéculation sur les toisons (1). Les besoins en subsistances de cette colonie; les sécheresses, qui rendent son agriculture précaire; son grand éloignement de l'Europe, qui rendrait les transports des marchandises de beaucoup de volume très-coûteux, tout tend à nous convaincre que nos spéculateurs n'auront jamais une concurrence bien redoutable à craindre de ce côté.

Il n'en est pas de même de la Russie méridionale. La beauté des pâturages, la proximité de l'Europe, le défaut de population du pays, les mains actives entre lesquelles il se trouve, la puissance d'administration d'un despotisme éclairé; tout nous fait présumer que ce pays travaillera à augmenter ses laines fines; mais il s'y rencontre un obstacle, c'est qu'il possède dans ce moment un nombreux bétail, composé de la grande brebis kirguise à laine grossière et feutrée et à grosse queue, très-estimée des habitans comme fournissant de bonnes fourrures, seul habillement du pays. Mieux vaudrait ne rien

(1) *Annales des voy.*, t. XVII, p. 141.

avoir du tout, et ne pas avoir à combattre contre des préventions populaires; mais l'appât du gain prévaudra. La laine de la brebis kirguise ne se vend que trente centimes la livre; la carcasse n'en vaut rien, la queue et la peau sont seules estimées; les préjugés religieux s'opposent à l'introduction d'une meilleure race de moutons à graisse dans ce pays, où les jours maigres sont si nombreux : ainsi je regarde comme très-probable la propagation indéfinie d'une race à laine fine dans ce pays, et elle y aura les chances les plus favorables. La plupart des grands seigneurs russes se sont procuré des mérinos et les ont introduits dans leurs domaines, les généraux cosaques eux-mêmes, grands propriétaires de troupeaux, ont voulu en améliorer la race; *Platów* avait douze mille moutons et travaillait à leur croisement (1). M. *Pictet* a introduit près d'Odessa huit cent soixante-dix mérinos en 1809; il en avait treize cent sept, et dix mille sept cent soixante-cinq métis en 1818 (2). Il nous assurait alors qu'il créait la laine fine avec huit neuvièmes de bénéfice sur le reste de l'Europe. Qui pourrait résister à une telle concurrence, si elle venait à s'étendre? Cependant la tendance

(1) *Annales des voy.* (*nouvelles*), t. II, p. 138.
(2) *Bibl. univ.*, Agric., t. III, p. 261 et suiv.

et les circonstances du pays portant les habitans à suivre de préférence la voie du métissage, il est propable que l'amélioration n'atteindra que lentement le degré de finesse désirable, et que nous recevrons bien de la laine de la Russie méridionale avant d'en recevoir de superfine.

La population des États-Unis est croissante, une industrie active la caractérise ; mais elle porte dans ses mains la hache du défrichement de préférence à la houlette du berger : d'ailleurs l'humidité des forêts épaisses s'y oppose aux progrès de l'élève des moutons, et les habitans ont une répugnance très-marquée pour leur viande(1). Rien ne porte à croire que ce pays suffise de long-temps à ses propres besoins.

Ainsi l'état général du monde ne nous fait craindre aucune production nouvelle, prochaine, exorbitante de laine superfine, qui puisse faire tomber subitement le prix de celle qui est produite : examinons donc quel est ce prix.

ARTICLE 5. — *Prix des laines.*

La valeur des laines a diminué en Angleterre depuis l'année 1339, c'est un fait que *Smith* nous présente avec tous les développemens convenables.

_____

(1) *Voyag. de Morris Birbeck.*

Vingt-huit livres de laine achetaient alors douze
boisseaux de froment, elles n'en achètent plus
aujourd'hui que six boisseaux (1). A ne considérer que le fait isolé, il semblerait que le rapport
de production de la laine au blé a doublé dans
ce pays; mais *Smith* attribue entièrement ce
changement de proportion aux prohibitions de
sortie dont sont frappées les laines, et à la libre
importation des laines étrangères.

Mais ayant procédé au dépouillement de nos
anciennes mercuriales communales du dix-sep-
tième siècle, qui contiennent souvent le prix de la
laine à côté du prix du blé, j'ai pu juger que cet
effet n'avait rien de particulier à l'Angleterre, et
que le quintal de laine qui achetait dans le midi de
la France quatre hectolitres de blé dans le commencement de ce siècle n'en achète plus maintenant que deux hectolitres trente centilitres. Or,
nous savons d'une manière à-peu-près sûre que les
troupeaux ont plutôt diminué qu'augmenté dans
nos provinces; nous savons de plus positivement
que les récoltes de grain s'y sont accrues, d'où il
suit que la seule cause à laquelle on puisse attribuer la baisse de la valeur de la laine, est la diminution de sa consommation, et probablement

(1) *Richesse des nations*, liv. 1, ch. XI.

l'introduction de l'usage des étoffes de coton et de soie dans l'usage général.

D'après l'observation des trente dernières années, il paraît que la laine commune du midi de la France vaut, lavée, environ trois francs le kilogramme ; la laine de mérinos de Rambouillet s'est vendue, dans la vente 1820, au prix de quatre francs cinquante centimes en suint, et par conséquent six francs soixante-quinze centimes lavée ; et si l'on compare le prix général des laines communes, on trouve que cette année représente assez bien la moyenne, pour croire que ce prix est aussi le prix moyen des laines mérinos superfines. Mais il ne faut pas se faire illusion à cet égard, le plus grand nombre des troupeaux mérinos est très-inférieur à celui de Rambouillet pour la beauté des laines, et une moyenne générale sur le prix des laines mérinos françaises ne nous donnerait pas au-delà de deux francs cinquante centimes en suint.

Selon M. *Morel de Vindé* (1) ce prix est une injustice et même, selon M. *de Polignac* (2), l'effet d'une conspiration des fabricans contre les propriétaires de mérinos. Je ne puis croire à au-

_____

(1) *Mém. sur la parité,* p. 30.

(2) *Rapport sur les mérinos,* p. 39.

cune coalition de cette espèce, je présume plutôt que le défaut de lavoirs, d'assortissages doit contribuer beaucoup à cette défaveur. Les fabricans, exposés à faire un triage, un lavage auquel peu d'entre eux sont préparés, préfèrent acheter des laines surges espagnoles, et la concurrence se trouve réduite, pour l'achat de nos laines, au petit nombre de fabricans qui ont des ateliers organisés pour procéder à ce lavage.

Maintenant si nous comparons les prix payés à la vente de Rambouillet avec ceux que l'on a donné des laines superfines espagnoles, nous trouverons que cet établissement a bien été traité sur le même pied, et que l'acheteur admettait la parité des deux laines.

La laine de Rambouillet coûtait en suint deux francs vingt-cinq centimes, il faut tripler ce prix pour avoir la valeur en blanc, ci.   6 fr.   75 c.

Ajoutons les deux neuvièmes du prix pour.....................   1   50

                        8 fr.   25 c.

C'est à-peu-près le prix auquel reviennent les laines superfines espagnoles lavées, cette année, parce que la différence est couverte par les conditions du commerce, et par les frais de vente de Rambouillet, qui ont été payés par les acheteurs.

Il n'en est pas tout-à-fait de même dans le midi, où l'éloignement des fabriques de drap fin met les possesseurs de mérinos dans la nésessité de céder leurs laines à plus bas prix, ou de les envoyer au loin pour être vendues à des prix incertains.

Ajoutons que peu de troupeaux ont une laine aussi suivie que celle de Rambouillet, que son troupeau est composé en grande partie de béliers et de moutons qui donnent une grande abondance de laine superfine, et qu'un troupeau composé de brebis en donnerait de la moins belle et en moins grande quantité. Ces considérations prouveront que la laine des mérinos français n'éprouve de la défaveur que par l'effet de l'isolement des propriétaires, de l'embarras qu'un lavage complet et un assortissage pénible donnent aux fabricans, et du défaut général de suite dans les troupeaux; que la plupart n'ont pas eu de béliers de choix, mais ont été renouvelés comme au hasard, ce qui fait que le plus grand nombre ne peut compter que comme de beaux métis.

Dans une position si défavorable sur-tout pour ces propriétaires du midi, faut-il s'étonner si la plupart n'ont obtenu que la moitié du prix de Rambouillet, et y a-t-il lieu de croire que, sans de plus grands soins, ils parviendront à ce *maximum* de valeur de nos laines françaises. Cela est peu croyable.

Nous devons conclure de ce qui précède que, pris sur une longue moyenne, le prix de 1820 représente en effet la moyenne du prix de la laine, et que par conséquent on ne peut pas compter d'en retirer au-delà de quatre francs cinquante centimes le kilogramme, quand les troupeaux seront soignés et composés en grande partie de béliers et de moutons; que pour les troupeaux de brebis, quatre francs le kilogramme c'est tout ce que l'on peut attendre ; et que pour les troupeaux moins bien suivis, le prix peut être encore bien inférieur, sans aucune injustice de la part des manufacturiers, et par le seul effet de notre position. C'est ainsi que, cette même année, la moyenne des prix payés des laines mérinos dans les troupeaux particuliers, n'a pas été au-delà de trois francs le kilogr. ; prix sur lequel porteront nos évaluations.

ARTICLE 6. — *Poids des laines.*

On s'accorde à regarder le poids de quatre kilogrammes comme le poids moyen des toisons mérinos de Rambouillet (1). On aurait tort cependant

(1) En 1822, une toison de bélier a pesé onze kilogrammes dans cet établissement.

5

de vouloir établir sur ce pied le produit d'un troupeau, l'expérience nous prouve qu'on serait désagréablement détrompé si le nombre des brebis était un peu considérable. J'ai donc cru devoir rassembler à cet égard des données exactes, et voici ce que j'ai trouvé. Les troupeaux d'élite de Rambouillet, et de M. *Pictet* à Lancy, nous donnent pour moyenne :

	kil.
Bélier.	4,96,
Brebis.	3,65,
Antenoises	5,49.

Ces moyennes seront aussi atteintes par ceux qui, ayant une bonne race, nourriront leurs troupeaux avec autant de soin et d'abondance que dans ces bergeries célèbres, car le poids de la toison dépend beaucoup de la nourriture. Mais avec une race un peu inférieure en choix et un peu moins éloignée, cette moyenne descend un peu ; et voici ce que je l'ai trouvée dans les troupeaux mérinos que je connais appartenant à des particuliers et traités sans lésine,

	kil.
Bélier.	3,70,
Brebis.	2,70,
Antenoises	4,10.

C'est sur ces bases que nous devons raisonner

quand nous ne voudrons pas prendre des chimères pour des réalités.

CHAPITRE II.

Défauts des mérinos.

D'après ce que nous avons vu dans le chapitre précédent, si toutes les autres qualités des mérinos étaient égales à celles des races du pays, il suffirait de substituer dans chaque compte la valeur de leur toison à celle de ces dernières, et on aurait d'un trait de plume les nouveaux résultats que nous cherchons; mais on accuse les mérinos de plusieurs défauts qui feraient éprouver quelque déduction au crédit de nos comptes, et qu'il nous importe d'examiner attentivement. Ces défauts sont, selon les adversaires de cette race, 1°. qu'elle est plus sujette que les autres à certaines maladies; 2°. que les brebis en sont moins fécondes; 3°. que sa consommation est plus forte; 4°. qu'elle s'engraisse difficilement. Nous allons parcourir successivement ces diverses inculpations.

ARTICLE 1er. — *Dispositions des mérinos aux maladies.*

Nous avons dit, dans le chapitre premier de la première partie, que les bêtes à laine courte et fine étaient beaucoup plus sujettes à la pourriture que celles à laine longue et grossière. Comme

5*

possédant au plus haut degré les qualités du premier genre de bêtes à laine, les mérinos ont aussi très-éminemment leurs dispositions à la cachexie. Si l'on cite des lieux aquatiques où leur race a résisté aux influences fâcheuses de la localité, on peut être sûr que ce n'est qu'à l'aide de provende, de fourrage sec et d'autres moyens artificiels qu'ils ont soutenu cette épreuve. Rambouillet, dont la situation serait si pernicieuse sans ces ressources, est là pour confirmer cette opinion. Dans toutes les épizooties de pourriture que j'ai vues, là où les mérinos étaient en pâturage, c'est par eux, c'est par les métis qu'a commencé la maladie, et leur préservation par les fourrages secs n'a rien d'étrange pour qui sait qu'on guérit même certaines cachexies commençantes par la nourriture sèche, et sur-tout par la luzerne. Ces considérations donnent l'exclusion absolue aux mérinos dans tous les pays où les races indigènes sont quelquefois atteintes de la pourriture, et restreignent à un moindre nombre de jours, dans l'année, ceux où ils peuvent profiter des pâturages frais, qui sont supportés par une autre race moins prédisposée à cette fâcheuse maladie. Dans la plupart de nos pays du midi, où nous possédons déjà des races à laine fine, la différence est légère ; mais dans d'autres climats, il serait pos-

sible qu'il fallût ajouter, chaque année, près de
deux mois de nourriture à la bergerie, au temps
où l'on est obligé d'y tenir les bêtes du pays. Ces
données sont si peu fixes et dépendent tellement
des circonstances locales, que nous ne pouvons rien
établir de précis là-dessus, et que chacun doit
faire son compte particulier à cet égard.

Il est certain que les agneaux mérinos sont
beaucoup plus sujets au tournis que les autres
races communes. Dans nos pays méridionaux,
nous ne connaissons presque le tournis que par
les mérinos, à peine perdons-nous deux agneaux
sur cent de cette maladie dans nos races communes; mais la perte des mérinos est bien plus
considérable. La perte du troupeau de **M.** *Morel de Vindé* a été annuellement de quatre centièmes (1). M. *Girou de Buzaringues* fixe au qua-
druple de la perte des métis, celle de la race mérinos par cette cause en 1819, dans le département
de l'Aveyron, et pour 1820 à près du double (2).
Or les bêtes du pays sont encore moins sujettes au
tournis que les métis eux-mêmes. Il paraîtrait
donc que le risque de la mortalité par le tournis
serait habituellement plus du double en sus de la

(1) *Mém. de la Soc. d'agric. de Paris*, 1816, p. 162.
(2) *Journal des propriétaires ruraux du midi*, 1821,
p. 118.

perte de bêtes du pays, et qu'en ne la portant qu'au double on les traite avec faveur. Ainsi, en supposant une perte moyenne de deux pour cent sur les agneaux du pays, ce serait une perte additionnelle de deux pour cent à faire supporter aux mérinos dans les pays du midi. Il paraît que dans le nord cette proportion est beaucoup plus forte, elle va même à cinq pour cent sur les bêtes du pays en Allemagne (1).

La gale s'empare de la peau des mérinos avec une ténacité inconcevable, et l'on sait combien de soins exige le traitement de cette maladie, et que de déchet elle cause sur la laine. Des soins garantissent de sa contagion, et l'empêchent de s'étendre; mais ces soins particuliers sont une des causes qui font rechercher pour les mérinos un berger particulièrement bon, habile et attentif. Je n'ai pas vu de beau troupeau de mérinos sans un tel berger, et on ne l'obtient guère sans qu'il en coûte au moins un dixième en sus des dépenses ordinaires de garde.

Le piétain entre aussi pour sa part dans ce surcroît de frais. Cette cruelle maladie peut être arrêtée à temps par le traitement préservatif de M. *Morel de Vindé*; elle peut être guérie par les

(1) Laubender, *Handbuch*, t. IV, p. 165.

soins d'un bon berger, sans quoi on risquerait de perdre, par cette contagion, le troupeau le plus florissant. On a remarqué cette maladie principalement sur les mérinos, sans doute à cause de leurs fréquens voyages et déplacemens dans le temps de leur grande vogue ; mais nous avons lieu de croire qu'ils n'y sont pas plus sujets que les races communes dans les pays où la maladie règne endémiquement, et que la contagion la propage également sur toutes les races, et même sur les animaux d'espèces différentes.

Ainsi le tempérament des mérinos et leur disposition à ces maladies donneront lieu, dans le compte des frais, à une augmentation d'un dixième des gages et entretien du berger, et à deux augmentations variables : 1°. celle du fourrage nécessaire pour le temps de la nourriture sèche, destinée à les préserver de la cachexie; 2°. une perte d'agneaux par le tournis, fixée au double de la perte commune sur la race du pays.

Article 2. — *Fécondité des brebis mérinos.*

Nos races du midi sont peu fécondes en comparaison de celles du nord, et sur-tout de celle appelée *flandrine* ; cependant le nombre des agneaux dépasse toujours d'un tiers et quelquefois de moitié celui des brebis soumises à la monte, soit par l'effet des doubles portées, soit par celui des brebis qui portent deux fois dans l'année, quand un troupeau est bien soigné et bien entretenu. Les doubles portées peuvent même s'y calculer à près d'un huitième, et les bêtes infécondes, au plus, au trentième. On ne peut point compter sur ces produits avec la race mérinos, et quoiqu'il soit bien connu que la froideur des mâles y est plus grande que dans les autres races, et qu'il en faut toujours un plus grand nombre dans un troupeau, on ne peut cependant jamais compter sur un nombre d'agneaux égal à celui des races communes, même en pourvoyant suffisamment le troupeau de béliers. Mon expérience me ferait porter au sixième du nombre total des brebis qui dépassent un an, celui des bêtes infécondes ou qui avortent. M. *Morel de Vindé* nous a donné des tableaux rigoureux des montes de son troupeau, c'est sans contredit les données les plus exactes que nous ayons à cet égard, et dans un troupeau aussi soigné que le sien, le nombre des brebis infécondes est moindre d'un treizième: observons qu'il ne soumet à la monte que les brebis de trente mois, et il a raison sans doute, s'il s'agit d'améliorer sa race, mais que par le produit en agneaux il est fort au-dessous de ce que je suis, en portant au sixième le déficit sur les brebis d'un an. Le nombre des naissances doubles est aussi très-rare chez lui, comme je puis l'avoir éprouvé moi-même : il est seulement d'un trente-sixième (1).

Le nombre des brebis qui portent deux fois dans l'année est aussi très-borné dans cette race; le troupeau que j'observe n'en a qu'un fort petit nombre, malgré son excellente nourriture, et de plus les agneaux venus en été conservent une débilité extrême, que n'ont pas nos agneaux du pays soumis au même régime.

La lenteur du développement des mérinos est très-sensible : « Ce n'est qu'à trois ans accomplis qu'une bête de cette race a toute sa grosseur, tandis que, dans nos races communes, les individus ont souvent atteint tout leur développement à quinze ou dix-huit mois (1) ». Les femelles ne prennent le bélier que lorsqu'elles sont antenoises, rarement avant l'âge de dix-huit à vingt mois, et quelquefois seulement à trente mois accomplis.

J'ai parlé de la froideur des béliers en comparaison de ceux des pays voisins : voici un fait que je puis citer. Ayant mis des béliers mérinos dans un troupeau de belles brebis du pays, le nombre des naissances diminua beaucoup cette année-là, et

(1) *Mém. de la Soc. d'agric. de Paris*, 1815, p. 160.
(2) *Pictet, Faits et observations sur les mérinos*, p. 24.

l'année suivante, ayant mis des béliers du pays en concurrence avec eux, il devint évident que ceux-ci se préparaient moins long-temps, étaient plus vifs et faisaient beaucoup plus de montes, quoiqu'ils les fissent à la dérobée, parce qu'ils étaient désarmés et craignaient les cornes des mérinos. Ce défaut d'activité est une des causes qui ont borné les effets du métissage.

Les mérinos ont donc un désavantage marqué sous le rapport de la fécondité, quoique mis en parallèle avec une race naturellement peu féconde. Toutes les fois qu'il s'agira d'un troupeau de brebis, nous pourrons compter avec certitude sur un déficit de naissances d'un sixième au moins, sur le nombre de brebis qui dépassent un an.

ARTICLE 3. — *Consommation de la race mérinos.*

Il y a deux points différens à examiner dans la consommation d'une race : 1°. la nourriture dont elle a besoin pour soutenir son existence et ne pas dépérir ; 2°. le degré d'intelligence et d'activité dont elle est pourvue pour se la procurer. Ainsi deux armées qui reçoivent chacune leur ration vivent de la même masse de subsistances ; mais si les distributions régulières viennent à manquer, l'armée la plus intelligente, la plus active trouve sa subsistance dans les ressources

cachées du pays ; l'autre, qui manque de ces qualités, meurt de faim, ou est obligée de se retirer.
Les mérinos peuvent être rangés dans cette dernière catégorie.

Le troupeau de Rambouillet consomme par
jour un kilogramme de luzerne et un quart de kilogramme d'avoine par tête (1). Selon les formules de Thaër (1516), quinze livres de foin équivalent à cinq livres quarante onces d'avoine pour
les facultés nutritives : il en résulte qu'un quart
de kilogramme d'avoine vaut soixante-dix grammes de foin et cinquante-six grammes de luzerne ;
la nourriture des mérinos de Rambouillet s'élève
donc à un kilogramme cinquante-six grammes de
luzerne par jour, plus encore de la bâle de blé
que nous consentons à ne regarder que comme un
lest. Les brebis de Rambouillet sont du poids
moyen de quarante-deux kilogrammes ; mais on
entretient beaucoup de béliers, que nous compen-
serons par les antenois et les agneaux : c'est donc
trente-sept grammes de luzerne par kilogramme
du poids de l'animal (2).

Mais cette même race, ces mérinos si exigeans

---

(1) *Bibl. britan.*, Agric., t. VII, p. 25.

(2) M. Tessier accorde deux livres foin et une livre
grains, ou six gros ; ce qui rentre dans ces proportions.

changent-ils de volume? descendent-ils au poids moyen de trente kilogrammes? M. *Collegno* les entretient avec trente onces de foin (neuf cent dix-huit grammes), qui, par sa qualité, équivaut, il est vrai, à la luzerne; ce qui nous donne à-peu-près la même quantité relative de nourriture ou trente et un grammes par kilogramme du poids de l'animal (1).

Les moutons du pays exigent-ils une nourriture moindre pour entretenir une masse égale? M. *Crud* a fait des expériences très-soignées sur la consommation des brebis de Suisse du poids moyen de dix-sept kilogrammes cinq grammes. C'est une race petite, forte, qui passe pour être dure et sobre; elle a exigé, pour se maintenir sans diminution, sept cent quatre-vingt-quatorze grammes de luzerne (une livre dix onces); ce qui donne quarante-six grammes de luzerne par kilogramme de poids (2): cette race si chétive ne mange donc moins que d'une manière absolue, mais elle mange plus, relativement à son poids.

Voilà les données exactes, qui sont parfaitement confirmées par tous les aperçus que j'ai pu me procurer, par toutes les données intuitives

---

(1) *Bibl. britan.*, Agric., t. VII, p. 274.
(2) *Idem*, t. XV, p. 17.

que j'ai pu recueillir par moi-même ainsi que par mes bergers.

Mais nos races, si voraces au râtelier, se nourrissent très-bien sur des pâturages très-maigres ; elles n'ont plus besoin de provende dès qu'elles peuvent sortir ; le mérinos qui les suit sur ces pâturages maigrit aussitôt qu'on lui retranche la nourriture supplémentaire. J'ai toujours vu que quand les mauvais temps nous forcent à garder le troupeau plusieurs jours dedans, les mérinos engraissent avec les fourrages les plus grossiers, avec le roseau (*arundo phragmites*), avec la paille; et les bêtes du pays souffrent. Mais le troupeau retrouve-t-il ses pâturages arides, aussitôt les bêtes du pays reprennent leur embonpoint, et les mérinos perdent le leur.

Le mérinos craint en outre excessivement deux circonstances qui se rencontrent toujours dans nos pâturages d'été, la chaleur et la poussière. Pendant les grandes chaleurs, le mérinos cesse de manger, le matin, avant le reste du troupeau, et il commence plus tard le soir. Sa transpiration est plus abondante, et il maigrit sensiblement.

Nous conclurons de ces observations qu'il est nécessaire d'augmenter le compte des mérinos d'une plus grande quantité de nourriture supplémentaire, que je ne crois pas pouvoir porter à moins de cinq cents grammes de luzerne par jour, ou l'équivalent en bâle de paille ou foin grossier pendant les mois où l'on ne donne rien dedans aux bêtes du pays, c'est-à-dire pendant les trois mois de l'été au moins, dans tous les pays où les pâturages ordinaires sont tels qu'on n'y puisse entretenir plus de deux brebis par hectare.

Par-tout où les pâturages sont abondans, ou bien quand la brebis peut paître à pleine bouche dans des prés ou des prairies artificielles, le mérinos se nourrit aussi bien que les bêtes du pays, et dans ce cas on peut éviter de donner de la nourriture supplémentaire.

Article 4. — *Faculté pour l'engraissement.*

Il est si bien constaté que la finesse et la bonté de la chair du mouton sont proportionnées à la finesse de la laine, que l'on pouvait juger d'avance que le mérinos aurait la chair la plus délicate quand il serait traité comme les autres moutons. Le préjugé contraire pouvait tenir à ce que l'on n'a tué pendant long-temps que de vieux mâles devenus inutiles à la reproduction, comme cela a lieu aussi en Espagne (1) ; mais dès que le bas prix des béliers a permis d'en châtrer de bonne

_____

(1) Lasteyrie, *Hist. de l'introduct.*, p. 66.

heure et de les élever comme moutons, on a pu
se convaincre que le mérinos avait une chair supérieure à celle de toutes les autres races : on
s'est alors retranché sur la difficulté à prendre
graisse qu'on leur a supposée. Il est vrai que leur
forme est très-éloignée de celle des animaux re-
connus pour avoir éminemment cette qualité.
Leurs os sont gros, leur coupe tranchante, ainsi
que l'échine ; mais on en rencontre aussi qui ont
le râble large et la cuisse développée, et l'on en
trouverait davantage encore si l'on pratiquait sur
eux la castration dès le premier âge, et qu'ainsi
l'ossification n'eût pas le temps de prendre des
formes aussi mâles. Mais laissant à part ces idées
théoriques, examinons les faits de pratique qui
nous ont été transmis.

En 1800, on mit à l'engrais à Rambouillet
trois moutons mérinos pesant ensemble cent vingt
et un kilogrammes cinq grammes. On les nourrit
de luzerne et de son, et à la fin on supprima le
son pour le remplacer par de l'orge et de l'avoine.
Au bout de deux mois, leur poids fut de cent
soixante-trois kilogrammes ; ils avaient donc gagné quarante et un kilogrammes cinq grammes
de chair, ou treize kilogrammes quatre-vingt-
sept grammes chacun. Laissons de côté pour un
moment ce qu'il en peut avoir coûté pour amener

ce résultat, et ne nous occupons que de la possibilité de l'obtenir.

En 1788, *Cretté Palluel* mit à l'engrais des
moutons du pays pris parmi les races de Beauce,
de Champagne et Picardie. Je passe sous si-
lence ses essais variés, pour m'en tenir à celui qui
se rapproche le plus de l'expérience de Rám-
bouillet. Un lot de quatre moutons fut nourri
avec des grains, avoine, pois, etc. : ce fut celui
qui se développa le plus, et préférablement aux
lots nourris de racines. On leur donnait des alimens à différentes reprises, mais à discrétion.

L'augmentation du premier mois fut de dix-
neuf kilogrammes cinq grammes; celle du
deuxième mois, de neuf kilogrammes vingt-cinq
grammes; celle du troisième mois de cinq kilogrammes, cinq grammes et celle du quatrième
mois, de deux kilogrammes. Ainsi pendant les
deux premiers mois, durée de l'engrais de Rambouillet, l'augmentation fut de trente-huit kilogrammes soixante-quinze grammes, ou de neuf
kilogrammes soixante cinq-grammes par tête.
Cet accroissement aurait donc été bien inférieur
à celui de la race mérinos.

La proportion de la viande nette, aux dépouilles,
est, dira-t-on, inférieure dans le mérinos, il faut
aussi examiner cette assertion. Leur rapport fut,

dans les moutons de Rambouillet, de cinquante
six centièmes; dans le mouton champenois, nu-
méro quinze, de Cretté Palluel, de soixante-douze
centièmes; il fut de soixante-douze centièmes dans
un mouton de Norfoclk, mis en expérience (1);
les fameux moutons de Dishley rendent soixante-
quinze centièmes; les métis engraissés par M. *Pictet* ne rendirent que dans la proportion des mérinos de Rambouillet cinquante-deux centièmes (2). Il y a donc un désavantage évident dans
le mouton mérinos sous le rapport de la chair;
mais ce rapport change entièrement, si l'on remarque que la tare du mérinos renferme une toison de trois kilogrammes soixante-cinq grammes, qui équivaut à une douzaine de livres de
viande, et qu'en ajoutant ces douze livres au
numérateur du rapport, nous aurons soixante-
huit centièmes pour l'expression du rapport de la
viande du mérinos au poids total.

La laine du mouton champenois, au contraire,
n'étant que de la valeur de la chair, ne fait pas
charger la proportion; mais aussi il paraît que de
deux moutons gras, tondus, le mérinos a vraiment un grand désavantage, et comme les pro-

___

(1) *Bibl. britan.*, Agric., t. V, p. 148.
(2) *Idem*, t. VIII, p. 34.

priétaires entendent trop bien leur intérêt pour les vendre en cet état, on s'explique facilement les préjugés des bouchers contre cette race.

La forte proportion de viande des moutons champenois doit nous prouver au reste que nous avons des races qui, avec un peu de soin, parviendraient à la proportion de la race de Dishley, et que si l'on choisissait bien les béliers, les brebis; que les mères fussent bien nourries, les agneaux bien venans, et châtrés de bonne heure, on n'aurait rien à envier aux Anglais.

Si j'avais sur nos moutons à laine fine les mêmes données que sur ceux de Champagne, il est probable que nous trouverions que nos races du Berri et de la Provence se rapprochent beaucoup du mérinos quant au rapport du poids total à celui de la viande.

Il restait à essayer la rapidité avec laquelle ces animaux prenaient la graisse comparativement avec les autres races : voici, à cet égard, une expérience que nous avons faite.

Sept antenois ont été mis à l'engrais avec carottes, betteraves, et foin à discrétion, cette nourriture leur était distribuée en plusieurs repas; quatre de ces bêtes étaient provençales, deux étaient métis de la première génération et une était

mérinos pur : en un mois ils ont gagné, tous en
semble, $\frac{97}{613}$ de leur poids, ou quinze grammes,
qu'il suit :

Bêtes du pays, n°. 1 . . . . . . $\frac{13}{92}$ == 0,14 gr.

n°. 2 . . . . . . $\frac{14}{93}$ == 0,15

n°. 3 . . . . . . $\frac{8}{95}$ == 0,08

n°. 4 . . . . . $\frac{16}{90}$ == 0,16

Métis . . . . . n°. 2 . . . . . . $\frac{12}{95}$ == 0,12

n°. . . . . $\frac{17}{73}$ == 0,23

Mérinos . . . . $\frac{17}{89}$ == 0,19

On voit ici la grande variété qui existe entre
les individus, et que le mérinos et un des métis
sont parvenus au plus grand embonpoint.

Det outes ces données nous pouvons conclure
que les bêtes à laine fine ont une moindre proportion de viande nette ; que les mérinos s'engraissent aussi rapidement que les bêtes de quelque race
qu'elles soient, qu'ils acquièrent proportionnelle-
ment un aussi grand volume ; et qu'à tout prendre un mérinos gras vaut un de nos moutons de
race fine, mais qu'il est inférieur aux moutons des
races du Nord dans la proportion de seize centièmes, en le supposant dépouillé de sa toison :
de sorte qu'en le considérant avec le bénéfice que
donne sa toison, il est aussi avantageux d'engraisser un mérinos que les races les plus favorisées du
côté de la graisse, et plus que les races à laine

6*

fine du pays. Il est vrai de dire encore que sa peau est moins appréciée par les tanneurs , à cause de sa grande finesse.

CHAPITRE III.

Valeur des mérinos.

Si nous cherchons à conclure la valeur des mérinos de toutes ces données, nous rencontrerons quelque difficulté. Faut-il la déterminer rigoureusement, en supposant que les mérinos n'aient aucune vogue particulière, en ne consultant que leur produit, en supposant que la demande en soit toujours remplie par la reproduction? Alors, sans doute, nous nous éloignerons beaucoup des prix de faveur qu'ont obtenus les premiers spéculateurs qui ont calculé sur l'engouement de la mode, sur l'irréflexion, sur la concurrence, et qui ont réussi d'une manière si brillante , comme tous ceux qui exploitent, les premiers, une affaire de vogue.

Nous nous éloignerons même beaucoup des prix de vente actuels de Rambouillet, où la concurrence des riches capitalistes à fantaisies, et la beauté supérieure de la marchandise , ont déterminé aux prix de marché si éloignés de celui des ventes particulières.

Nous désirons et nous croyons que ces prix de

vente se soutiendront, à cause de l'excellence de ce troupeau, de son voisinage de Paris, et du petit nombre d'individus qu'il peut fournir. Nous croyons que plusieurs autres troupeaux qui participent à tous ces avantages obtiendront aussi les mêmes faveurs : eh ! plût à Dieu que toutes les fantaisies de nos riches eussent un résultat aussi utile que l'entretien et l'amélioration de cette belle race ! Mais laissant de côté tous ces cas particuliers, examinons ce qui peut atteindre la vente des troupeaux de mérinos moins favorisée par la localité.

Pendant que le prix moyen de Rambouillet s'élève à cinq cents francs (1), et que le bélier le plus cher a été adjugé à mille cinq cents francs (2), nous recevons dans nos provinces des offres pour choisir, sur des troupeaux superfins, à trente francs les béliers et de vingt à trente francs les brebis. L'habile agronome qui fait ces offres a été réduit, par défaut d'acheteurs, à procéder à la castration d'une partie de ses béliers.

Cherchons donc, indépendamment de toute circonstance, le prix intrinsèque du mérinos. Je prend pour base la valeur moyenne de nos brebis

(1) *Nouvelles Annales d'agric.*, t. X, p. 409.
(2) Il en a été adjugé un, en 1821, à 3,117 fr. 50 c.

du pays d'un poids égal au sien, telles qu'on les trouve dans les environs de Tarascon, et que je fixe à treize francs.

Un troupeau se trouvant composé d'un trentième de béliers, un septième d'antenoises sur une brebis, un troupeau de trente brebis sera composé de

Un bélier, dont la toison pèsera trois kilogrammes soixante - dix grammes, à trois francs . . . . 11fr. 10 c.

$\frac{4}{3}$ toisons d'antenoises, qui pèseront quatre kilogrammes dix gram. et ensemble dix-sept kilogrammes soixante-trois gram., ci. 52 89

Trente toisons de brebis, quatrevingt-un kilogrammes, ci . . . . . . 243 »

Total. . . . 3o6 99

Divisant cette somme par $\frac{35}{3}$, nombre des toisons, il nous vient huit francs soixante-neuf centimes pour prix de la toison moyenne. Si de ce prix nous retranchons aussi d'une toison du pays, qui est de trois francs, il nous reste cinq francs soixante-neuf centimes à l'avantage des mérinos.

Cet avantage est compensé par les inconvéniens suivans :

1°. Supplément de garde. . . . .   0 fr. 40 c.

2ª. Perte par le tournis   16

3º. Déficit de naissances.   1   16

4°. Nourriture supplémentaire

d'été.   1   80

_____

                    3 fr. 52 c.

_____

Ce qui réduit l'avantage du mérinos à deux francs dix-sept centimes. Une rente de cette somme sur une bête qui a onze ans de vie moyenne représente le capital de neuf fois la valeur de la rente : c'est donc, dans notre cas, un capital de vingt francs cinquante-trois centimes qui représente cet avantage ; ce qui, ajouté à treize francs, valeur de la brebis du pays, nous donne trente-trois francs cinquante-trois centimes pour valeur de la brebis mérinos, d'une race dont le poids de la toison soit d'environ trois kilogrammes et demi. Ce prix nous donne quarante-huit francs environ pour le prix du bélier.

Tel me paraît être le prix réel du mérinos, la laine fine se vendant trois francs le kilogramme : si elle venait à baisser, ou que la finesse du troupeau ne fût pas telle que la laine valût un tel prix, il faudrait refaire ces calculs sur ces nouvelles bases, et l'on parviendrait aisément à apprécier la valeur des bêtes dont on voudrait faire connaître le prix. Ce prix serait le prix courant si la vente était assurée, et c'est ce qui aurait toujours lieu si toutes les positions convenaient aux mérinos ; mais nous verrons bientôt combien il s'en faut que cette hypothèse soit réalisée, et que, dans le plus grand nombre de cas, la valeur vénale de l'animal n'est pas supérieure à celle des autres animaux de son poids, destinés à la boucherie. Après avoir ainsi dépouillé notre matière de toutes les illusions qui pouvaient nous induire en erreur, il est temps de placer le mérinos dans les diverses circonstances agricoles que nous avons décrites, et de juger comment il soutiendra la concurrence des bêtes du pays dans ces diverses positions.

TROISIÈME PARTIE.

CONVENANCES AGRICOLES DES MÉRINOS.

QUAND les mérinos ont été introduits en France, un grand mouvement s'opérait dans les esprits, en agriculture comme en politique : on cherchait par-tout de nouvelles voies de prospérité, et l'Angleterre eut souvent l'honneur de nous fournir des modèles dans les deux genres. Le trait principal de l'agriculture de cette île, l'abondance des pâturages et des prairies, fut proposé à l'imitation des cultivateurs français, et les prairies artificielles devinrent le texte de nos écrivains et le but de nos agronomes : c'était, en effet, le moyen de se procurer ces engrais abondans sans lesquels il ne peut exister d'agriculture vigoureuse. Peut-être ces conseils furent-ils jetés dans un moule trop uniforme ; peut-être n'indiqua-t-on pas toujours la route préférable dans nos contrées du midi ; peut-être méconnut-on la puissance de notre riche climat, et la valeur des cultures industrielles qui s'y sont naturalisées : mais au moins ne pouvait-on pas s'égarer beaucoup en suivant la route qui venait d'être tracée, et la France lui doit de grands progrès vers la prospérité.

Mais ce n'était pas tout d'accroître les prairies artificielles, il fallait en faire consommer les produits, et les faire consommer avantageusement : il fallait donc chercher de nouvelles voies, de nouveaux moyens de consommation. Presque partout le bétail ne vivait que des ressources naturelles du pays, et presque par-tout, au lieu de chercher à améliorer sa position et à la tirer de sa détresse pour en augmenter le produit, les propriétaires, remplis de préjugés défavorables au bétail qu'ils possédaient déjà, et qui ne leur donnait presque aucune rente, cherchèrent à sortir tout-

à-coup de l'ornière, et trouvèrent plus aisé de
changer toutes les habitudes de leur pays, que
d'y opérer des améliorations progressives. Les can-
tons où l'on avait déjà de bonnes races de bestiaux
et un bon mode d'éducation persévérèrent dans
leurs anciens usages ; les spéculateurs des pays
où les bestiaux n'étaient pas comptés comme produits, suivirent presque tous, au contraire, une
direction opposée à celle qui était suivie autour
d'eux; et tous ne rencontrèrent pas tout d'un coup
celle qui leur aurait été la plus avantageuse.

Tous les esprits étaient occupés de ces nou-
veautés agricoles ; on tâtonnait de toutes parts,
de toutes parts on cherchait le genre de bestiaux
qui pouvait offrir un produit avantageux, et permettre de réaliser ces nouvelles récoltes de fourrage qui croissaient de toutes parts quand les
mérinos furent introduits en France. On crut alors
le problème résolu. Les cent bouches de la Renom-
mée furent occupées à prôner les nouvelles entreprises; et bientôt ils entrèrent comme partie obligée
dans toutes les exploitations où l'on se piquait de
suivre les progrès de l'art agricole. Ainsi les mérinos ne furent pas précisément la cause du grand
mouvement en faveur des prairies artificielles ;
mais ils aidèrent, ils encouragèrent cette œuvre,
et tant que leur haut prix se soutint, ils contri-

buèrent à engager de nouveaux cultivateurs dans cette route d'amélioration agricole , dont, à leur chute même, si désastreuse d'ailleurs, ils ne devaient pas sortir entièrement.

Voilà les faits tels que je crois les avoir observés. Voyons maintenant si, revenus de ce premier engouement, nous pourrons élever avantageusement les mérinos en France, et pour cela parcourons les divers genres d'éducation auxquels sont soumis nos moutons de race commune, et après avoir apprécié l'effet que produirait dans ces différentes positions la substitution des mérinos, voyons s'il ne serait pas possible de tracer une nouvelle route qui permît d'en attendre un profit raisonnable et sûr.

CHAPITRE PREMIER.

Mérinos dans les positions agricoles connues.

ARTICLE 1er. — *Pâturages suffisans toute l'année.*

LES pays où le pâturage est assez gras pour suffire toute l'année aux besoins des moutons, sont malheureusement aussi ceux où ils sont sujets à la pourriture, et où par conséquent on ne se livre qu'à leur engraissement, et même en choisissant des races à laine grossière, moins sujettes à la cachexie : les mérinos sont donc exclus de ces localités, à moins qu'on ne leur donne en même temps une forte ration en nourriture sèche ; ce qui ne peut convenir que dans des cas rares dont nous parlerons dans l'article huit de ce chapitre. Nous pensons donc que c'est avec beaucoup de réserve que l'on doit penser à établir des mérinos dans ces situations privilégiées. Au reste leur produit brut y serait bien plus avantageux que celui des animaux à suif, qui n'y rendent que quinze francs environ. En effet on aurait la toison. . . . . 10 fr. 27 c.

Cinq sixièmes d'agneaux sevrés, à vingt francs. . . . . 15 »

———————————

25 27

———————————

On croit que l'on paierait ainsi largement le pâturage, si la vente des agneaux vendus comme mérinos était toujours assurée ; mais nous allons bientôt voir que cette vente est bornée, à cause du petit nombre des positions qui conviennent réellement aux mérinos, et que si l'agneau ne valait, par exemple, que dix francs, on aurait seulement vingt francs vingt-sept centimes, et seulement cinq francs vingt-sept centimes pour payer un surcroît de pâturage, qui ne pourrait être que considérable.

ARTICLE 2. — *Pâturages insuffisans sans supplément de nourriture.*

Nous avons vu qu'une race propre au pays, élevée dans la disette qu'elle doit supporter, peut seule vivre dans cette position. Les mérinos y perdent leur laine, deviennent faibles, souffrans ; les brebis avortent : ainsi ils sont là une véritable source de perte, au lieu de présenter des bénéfices.

ARTICLE 3. — *Pâturage d'hiver. Troupeau transhuman.*

Cette position paraît convenir particulièrement aux mérinos, et ils se sont propagés sur divers points de la Crau d'Arles par leurs descendans directs ou leurs croisemens, en offrant même des bénéfices ; mais une circonstance a arrêté l'accroissement indéfini de leur propagation, c'est que les pâturages de la Crau ne sont pas assez riches pour eux, et qu'ils ne s'y soutiennent bien l'hiver qu'au moyen d'une nourriture supplémentaire qui y est rare, ou en choisissant des portions de pâturage particulièrement gras, et par conséquent plus coûteuses. Ainsi la vente des agneaux se trouvant bornée, on a été forcé de les châtrer et de les vendre au boucher au prix des bêtes du pays.

Si l'on considère ensuite que la Provence n'est

pas un pays de fourrage; que les sécheresses le font monter quelquefois au prix de dix francs le cent de kilogrammes, et que rarement il descend à quatre francs, de sorte que le prix moyen en est au moins de six francs, on verra le petit bénéfice que peut donner un bétail qui exige, au moins pendant cent quatre-vingt jours, un demi-kilogramme de nourriture supplémentaire, pour exister dans cet état de santé où le profit est possible. Ces quatre-vingt-dix kilogrammes de fourrage vaudraient au moins cinq francs quarante centimes, ce qui dépasse l'avantage que l'on pourrait se promettre de la préférence donnée aux mérinos, si l'on fait abstraction de la plus-value des agneaux.

Faut-il donc s'étonner des pertes dont se plaignent tous ceux qui se sont livrés à cette spéculation dans ce pays, et du découragement qui a saisi tous ceux qui auraient pu les imiter. Reconnaissons que la prudence seule a mis un terme à cette propagation, et que ce n'est que d'une production plus étendue et plus constante de fourrage, et sur-tout de l'accroissement des arrosages, qui permettent de compter sur des récoltes sans craindre la sécheresse de nos climats, que l'on pourra attendre des progrès de la race mérinos dans cette contrée.

Je ne connais pas les autres localités où les moutons transhument, il paraît qu'en Espagne les pâturages d'hiver sont très-abondans, et que les mérinos n'y exigent point de nourriture supplémentaire. Dans toutes les positions en général, le prix moyen du fourrage peut seul décider de la convenance qu'il y aurait à préférer les mérinos à la race du pays.

ARTICLE 4. — *Pâturages insuffisans avec des fourrages supplémentaires.*

Dans les positions que nous avons décrites à l'article 5 de la deuxième partie, on pourra élever des mérinos par-tout où l'on entretient convenablement des brebis d'un poids égal, y compris de part et d'autre la toison ; mais nous avons fait entendre que le défaut d'instinct des mérinos exigerait un supplément particulier toutes les fois que le troupeau serait conduit sur un pâturage peu fourni d'herbes, quelque succulentes qu'elles fussent d'ailleurs. Le compte de dépense pour deux cents brebis du pays se modifiera donc de la manière suivante par des mérinos, et l'expérience acquise que nous avons en ce moment même sous les yeux nous le prouve.

Compte pour deux cents brebis mérinos à Tarascon.

Garde..................	85o fr.
Quatre cent quarante quintaux de luzerne, à deux fr. cinquante centimes.	1,100
Cinq cents quintaux de foin grossier, à un franc cinquante centimes...	750
Paille de litière................	810
Pâturage des chaumes..........	800
Menus frais................	40
Intérêt du capital circulant.....	485
	4,835

Nous avons omis à dessein de faire entrer dans ce compte l'intérêt du capital du cheptel, à cause de l'incertitude qui règne sur la valeur des mérinos, que l'on peut presque toujours acquérir à un prix inférieur à leur prix intrinsèque.

Produit.

Deux cents toisons, à huit francs soixante-neuf centimes..............	1,730 fr.
Laine d'agneau................	140
Quatre mille quintaux de fumier..	1,400
Lait.......................	400
	5,670

Report. . . . . 3,670 fr.

Reste qui doit être couvert par la
valeur des agneaux... 1,165

Somme égale.. 4,835

Or, sur les deux cents brebis il se trouve un
septième de bêtes jeunes : elles se réduisent donc
à cent soixante-douze ; donc un sixième reste in-
fécond , ce qui fait seulement cent quarante-
quatre agneaux que l'on peut espérer ; vendus
à sept francs, prix des agneaux du pays, ils nous
donnent une somme de.. . . . . 1,008 fr. » c.
dont il faut retrancher deux centièmes de perte par le tournis. . . 20 16

Reste pour valeur des agneaux.. 987 84

Maintenant, si l'on veut bien se rappeler le
déficit que présentait le compte des bêtes du pays,
on voudra bien le compenser par celui que nous
présente le compte actuel : nous avions pour perte
(première partie , chapitre IV, ar-
ticle 5).. . . . . 1,051 fr. »c.
Nous avons pour perte dans le
compte actuel.. . . . . 1,265 »

Reste pour déficit, outre les mérinos . . . . 204 »

Report...... 204fr. » c.

qui , retranchés du produit des
agneaux................. 987 84

nous donnent, pour le produit net
d'un troupeau de deux cents brebis
mérinos , dans les mêmes circonstances que les brebis du pays.... 773 84

Ou par bête........... 3 86

qui, multipliés par 9, pour avoir le capital as-
suré, comme dans la partie précédente, sur une
tête qui a onze ans de vie moyenne; nous donnent trente-deux francs quatre-vingt-quatorze centimes pour valeur de la jeune brebis mérinos :
cette valeur est sensiblement la même que nous
avions obtenue par la considération de la valeur
de la brebis du pays. Nous y arrivons maintenant
par le simple calcul des frais et des produits; ce
qui prouve que nous ne nous sommes pas écartés
de la bonne route en fixant à trente-trois francs
environ la valeur de la brebis mérinos.

De ce qui précède nous tirons la conséquence
que la brebis mérinos peut exister et payer tous
les frais qu'elle occasionne dans la position que
nous avons décrite, et en général dans toutes
celles où l'on élève avec avantage des brebis de
son poids. On se donne même, en la préférant, une

chance avantageuse, mais sur laquelle il ne faut pas trop compter, dans la vente des agneaux au-dessus du prix des agneaux du pays.

Ainsi *le choix de la race mérinos devient avantageux par-tout où les pâturages, ne donnant pas lieu à la cachexie, sont suffisans pour nourrir, sans la laisser dépérir, une brebis mérinos du poids de la brebis commune, l'une et l'autre pesées avant la tonte, et où la nourriture supplémentaire est suffisante pour les temps de l'allaitement et de l'été, et ne revient pas à plus de deux francs cinquante centimes les cinquante kilogrammes, la laine étant à cent cinquante francs.*

Nous avons vu ci-dessus que l'éducation du mérinos devient impraticable sous des conditions plus rigoureuses.

ARTICLE 5. — *Moutons mérinos.*

Nous venons de considérer dans les articles précédens un troupeau de brebis mérinos, et nous avons vu quelles étaient les conditions qu'elles exigeaient : il convient maintenant d'examiner si un autre mode de composition du troupeau ne serait pas plus avantageux, et si, au lieu de vendre, dès la première année, les agneaux à sept francs, il ne serait pas préférable de les élever pour les engraisser ensuite.

7 *

Il est clair d'abord que l'on ne peut se livrer à cette branche d'industrie qu'en possédant un troupeau de mères; car on ne trouverait pas à acheter à un prix égal à celui des bêtes du pays un assez grand nombre de mérinos sevrés pour que cela pût être regardé comme une spéculation.

Supposons donc que l'on ait un troupeau de cent mères qui donnent chaque année soixante-dix agneaux : le recrutement annuel d'un septième exigera annuellement quinze agneaux femelles ou mâles, et on pourra disposer de cinquante-cinq agneaux par année; on les gardera quatre ans, âge auquel l'engraissement est le plus avantageux, et l'on aura un troupeau d'environ deux cents moutons, défalcation faite de la mortalité. Ces moutons coûtent comme il suit :

Valeur de deux cent dix agneaux sevrés, à huit francs . . . . 1,680 fr. » c.

Intérêt de la valeur pendant quatre ans, à six pour cent 452 80

Pâturage des chaumes pendant quatre ans, ainsi que ce qui suit. 3,200   »

Deux quintaux de fourrage grossier ou paille, l'hiver, par an, à un franc cinquante centimes.. . . 2,400   »

                       7,712 80

Report. . . . . . 7,712f. 80 c.

Paille pour litière.. . . . . 3,200 »

Berger... . . . . 2,500 »

Menus frais.. . . . . 40 »

Intérêt du capital circulant à dix

pour cent.. . . . . 1,084 »

14,536 80

Plus, pour engrais de deux cents

moutons à dix francs.. . . . . . . 2,000 »

16,536 80

Si les herbages sont bons et valent ce qu'on leur impute ici, les toisons rendront ce qui suit :

Cinquante toisons d'agneaux à

deux francs... . . . . 100fr. » c.

Cent cinquante toisons de mou-

tons à onze francs.. . . . . 1,650 »

1,750 »

Et pour quatre ans.. . . . . . . 7,000 »

Revente de deux cents moutons

gras à vingt-quatre francs.. . . . . 4,800 »

Fumier, seize mille quintaux,

à trente-cinq centimes.. . . . . . 5,600 »

17,400 »

Bénéfice.. . . . . 963 20

On voit donc que cette spéculation est plus avantageuse encore que d'augmenter hors de mesure un troupeau de brebis toutes les fois que les agneaux ne se vendent pas à un très-bon prix ; car remarquons que ce compte se solde en bénéfice, quoique nous ayons compté la paille et les pâturages à leur valeur, ce que nous n'avions pas obtenu dans le compte des brebis. Ainsi quand on aura des pâturages abondans, et que l'on ne sera pas obligé de nourrir à l'étable, l'entretien des moutons dispensant de donner du fourrage fin qu'il faut nécessairement consacrer aux mères nourrices, entraînant ainsi à moins de frais de garde, et donnant de plus belles toisons, compensera tout ce que l'on pourrait retirer du produit des agneaux. C'est ce mélange des deux spéculations qui peut seul soutenir les troupeaux de mérinos ; c'est lui qui donnera de belles laines que les brebis mères ont si rarement ; mais si l'on est obligé de faire consommer à l'étable ou au pâturage des fourrages fins, il n'est pas douteux que l'on se trouvera de nouveau en déficit, et que l'on ne pourra pas soutenir la spéculation. Un troupeau de moutons ne doit consommer de tels fourrages que pendant le temps de l'engraissement. Voilà donc encore de nouvelles limites placées sur la route de l'amélioration. Eh quoi ! il est donc absolument impossible de faire produire à un troupeau la valeur de sa nourriture cultivée; il n'existe donc que parce qu'il a une nourriture spontanée au-dessus de sa valeur réelle, et qui ne peut être récoltée que par lui? Cette vérité ressort de nouveau ici comme à la fin de la première partie. Le mouton n'existe en France que par cette circonstance seule ; mais d'un autre côté les nombreux pâturages à moutons qui existent dans notre pays et dans ceux qui nous environnent, sont aussi des circonstances qui agissent réciproquement sur le prix des moutons. Si ces pâturages cessaient d'exister, il faudrait, pour avoir de la laine, nourrir des moutons avec des fourrages cultivés ; et alors le prix de cette substance s'élèverait au point de payer la valeur de la nourriture ; et c'est parce que les pâturages à vaches sont plus riches et plus rares, et presque d'une valeur égale à celle des fourrages cultivés, que les bêtes à cornes paient presque intégralement la valeur de leur nourriture par leur produit.

Mais nous n'avons pas prétendu représenter dans un si petit nombre de formules toutes les manières possibles d'exploiter un troupeau de mérinos, et nous ne devons pas quitter notre sujet sans passer en revue plusieurs modes divers qui ont successivement attiré l'attention des propriétaires de troupeaux.

ARTICLE 7. — *Cheptel.*

Les hommes riches ont en général une éducation si éloignée de la vie active et pénible d'un véritable fermier; ils ont le plus souvent si peu d'idées
d'une véritable comptabilité agricole , de l'esprit
d'ordre, de détail, d'examen, qui, réunies à des connaissances positives de l'art agricole , leur seraient
nécessaires pour entreprendre une exploitation
agricole, qu'il n'est pas étonnant que si peu d'entre
eux aient réussi dans ce projet, ou au moins
qu'ils y aient persévéré.

On part trop souvent de données inexactes; on
s'exagère trop certains avantages; on rompt les proportions de l'ensemble; on compte sur des ressources chimériques, et l'on arrive à des résultats bien
différens de ce que l'on s'était promis. La dure réa-
lité fait évanouir les illusions. M. *de Polignac* a traité
dans un de ses Mémoires (1) un tableau frappant
et vrai de ces vicissitudes ; mais en abandonnant
une direction peu compatible avec leurs habitudes et leurs connaissances, bien peu de ceux qui
se trouvaient engagés dans la voie ont pris le parti
de tenter la voie mitoyenne qu'il a choisie , et de

(1) *Rapport sur les mérinos* , p. 5 et suiv. ; et 2ᵉ. *Rapport*, p. 69.

conserver encore , en le donnant à cheptel , ce troupeau qui avait été la cause première de tant d'inquiétudes. Le cheptel légal, tel qu'il est tracé par le Code civil (art. 1804 et suiv.), est un bail à mi-fruit, et il est douteux que dans beaucoup de pays les fermiers trouvassent avantageux de prendre des mérinos à cette condition , tant le préjugé contre cette race est fort : d'ailleurs , les placemens à cheptel de la race même du pays sont rares par-tout. Ce n'est donc point ce cheptel qui convient au propriétaire, mais bien un placement de moutons à prix d'argent, une pension qu'ils paient par tête.

Nous avons vu (article 5) que le fermier dépense pour un troupeau de brebis mérinos de deux cents bêtes. . . . . 4,785 fr. » c.
Sur quoi il reçoit en fumier. 1,800 »

Reste en dépenses. . . . 2,985 »
Ou par tête de brebis. . . 14 92

Nous avons vu (article 6) que deux cents moutons coûtent en quatre ans, sans l'engraissement, quatorze mille cinq cent trente-six francs : d'où déduisant seize cent quatre-vingt francs pour prix d'achat, il reste douze mille huit cent cinquante-six francs ; et déduisant encore cinq mille six cents francs pour fumier, il reste sept mille deux cent cinquante-six francs, ou par an dix-huit cent quatorze francs, et par mouton neuf francs sept centimes.

Telles sont les bases équitables sur lesquelles on peut traiter ; mais comme, pour les brebis surtout, il est probable que la quantité de fourrage fin sera réduite, on peut compter aussi sur une réduction dans les produits, et par conséquent le prix du cheptel peut, sans injustice, être porté seulement à douze ou treize francs.

M. *de Polignac* fut plus généreux ; il donna vingt francs par tête de brebis, et il est impossible qu'il ne s'en soit pas repenti, attendu le peu de valeur des laines et des agneaux depuis cette époque. On peut voir d'ailleurs dans ses mémoires les excellentes précautions dont il s'est environné ; tout est pensé sagement et très-bien combiné, hors l'article du prix de la pension. Il est certain que, dans le midi, il eût trouvé à placer ses brebis à douze francs et les moutons à neuf francs sans difficulté ; mais il a éprouvé de grands obstacles, en traitant dans un pays à vaches et à chevaux, où il n'y a pas de pâturage sans valeur. M. *Morel de Vindé* a été plus heureux (1), et dans le département de la Marne, il a trouvé à placer ses brebis

_____

(1) *Soc. d'agr. de Paris*, 1816, p. 166.

à six francs, outre un franc de prime par livre de laine excédant six livres par toison. C'est un pays à parcours et à pâturages à moutons.

La bonté de cette spéculation dépend donc du prix du cheptel et des conditions qu'on a soin d'y mettre. Nous venons de voir quel prix on ne peut dépasser sans imprudence. Les conditions principales ne peuvent être meilleures que celles de M. *de Polignac*, qui sont : 1°. la réserve de tous les produits au propriétaire, le fumier excepté; 2°. le preneur chargé de tous les frais sans exception; 3°. la représentation des peaux des animaux morts; 4°. la perte de la pension de tous les animaux morts au-dessus de cinq pour cent; 5°. l'obligation de prévenir le propriétaire des maladies épizootiques, sous peine de la perte de la valeur des bêtes; 6°. le preneur répond des effets de la gale; 7°. défense de pâturer dans les prairies naturelles et lieux aquatiques désignés dans le bail; 8°. une différence de prix pour les bêtes qui n'ont pas fait d'agneaux. Moyennant ces précautions, le propriétaire doit recevoir,

Une toison. . . . . 8 fr. 69 c.
Cinq sixièmes d'agneaux sevrés à huit francs. 6   66

Recette. 15   35

Il paie de pension. . . . . . . 12 fr. » c.

Intérêt de la valeur des mérinos. 3. 66

Dépense. 15 66

On voit que les comptes se balancent d'assez près pour ne pas laisser de doute que ce ne soient ici les véritables élémens de cette spéculation.

ARTICLE 6. — *Nourriture à l'étable.*

La nourriture à l'étable avec des fourrages cultivés ne peut avoir lieu toute l'année au prix actuel des produits animaux, sans causer une grande perte à celui qui l'entreprendrait. Une brebis mérinos tenue de cette manière consommerait environ dix quintaux de bon fourrage : or il est une correspondance entre le prix du fourrage et celui du fumier, qui nous donne les formules suivantes, dans le détail desquelles nous n'entrerons pas, nous bornant à affirmer qu'elles sont tirées d'une longue pratique, éclairée par une comptabilité sévère.

Le travail de préparation, le fauchage, fannage, et la vente d'une terre convenable à la luzerne dans nos pays, montent en moyenne à une quantité fixe de douze cent quarante francs pendant les cinq ans que nous supposons que dure la luzernière. Il faut ajouter à cette somme la moitié de la valeur de douze cent quintaux de fumier pour obtenir un produit de huit cent quintaux de luzerne en cinq ans. Je dis seulement la moitié de la valeur, parce que l'autre moitié reste en terre pour profiter aux récoltes qui doivent suivre celle de luzerne.

Ainsi le fumier valant trente-cinq centimes, le quintal, nous avons le compte suivant :

Frais fixes................	1240 fr.
Fumier.	210
	1450

Ce qui divisé, par huit cents quintaux de fourrage, nous donne un franc quatre-vingt-un centimes pour valeur du quintal de luzerne récoltée.

Dans ce cas, la brebis consomme dix quintaux de luzerne, ci........ 18 fr. 10 c.
Litière......... 6 »
Garde......... 2 5o   } 27 fr. 60 c.
Frais divers...... 1 »
Plus, pour intérêt du capital circulant. 2 76
Intérêt de la valeur. 3 66

34 2

Recette. Laine et agneau comme ci-dessus à l'article sixième.............. 15 f. 35 c.

Lait................... 2 »

Une brebis, tenue de cette manière fait près de trente-deux quintaux de fumier, à trente-cinq centimes. ... 11 20

8 - 55

Perte par bête............ 5 47

34 20

Voilà ce que l'on doit attendre quand le fumier est au prix moyen auquel on le vend en France. Mais supposons qu'il se vendît communément au prix auquel on l'achète souvent dans les pays à assolemens riches, en Alsace, en Flandre, à Avignon, où l'on en donne souvent soixante centimes du quintal, nous avons alors les résultats suivans :

Frais fixes............... 1,240 fr.

La moité de la valeur de douze cents quintaux de fumier à soixante centimes............... 360

1,600

La luzerne revient à deux francs le quintal.

Les frais d'une brebis sont donc les suivans :

Nourriture, dix quintaux de luzerne..... 20 fr. » c.			
Litière......... 6 »		29 fr. 50 c.	
Garde......... 2 50			
Frais divers...... 1 »			
Intérêt du capital circulant	2	95	
Intérêt de la valeur........	3	66	
	36	11	

Recette, comme ci-dessus............. 17 fr. 35 c.			
Trente-deux quintaux de fumier, à soixante centimes......... 19 20		36 55	
Bénéfice par bête.....	»	44	

Il est donc clair qu'avec cette circonstance du haut prix du fumier et de l'abondance que l'animal en fournit, la spéculation est lucrative : on élève alors les animaux pour le fumier. Mais dans un cas pareil, il est difficile de croire qu'un bœuf à l'engrais, une vache qui paie déjà sa nourriture sous des circonstances plus défavorables, et qui produisent également à l'étable une plus grande abondance de fumier, ne fussent pas plus avantageux que la brebis.

Ces deux exemples prouvent aux plus aveuglés l'influence que peut avoir une agriculture soignée, opulente, sur l'éducation du bétail. On ne trouve un tel prix du fumier que là où l'on donne la plus grande activité à la consommation des engrais, pour les cultures des plantes qui l'absorbent presque entièrement dans la période de leur végétation : car ce n'est que là que l'on apprécie ses effets et qu'on est en état de le payer ce qu'il vaut. Que si au contraire le fumier est appliqué seulement aux céréales qui, à chaque récolte, ne s'emparent que de la moitié des engrais que contient le sol, on doit ne trouver de l'engrais qu'environ la moitié de son prix, sur-tout si une jachère intermittente éloigne encore les époques de la reproduction.

Sous les circonstances du haut prix des engrais que nous avons indiquées, la nourriture des mérinos à l'étable est si bien possible, que mon frère la continue depuis six ans, quoique combattu par les circonstances défavorables à la vente des laines et des agneaux, et que sans la baisse des garances, qui a diminué la valeur des fumiers, il est probable que son compte ne se serait pas soldé à perte, comme il doit le faire cette année.

Puisque j'ai parlé de cet exemple domestique, qu'il me soit permis d'ajouter ici quelques observations prises de cette exploitation. La luzerne verte et sèche est décidément la meilleure nourriture pour les brebis ; les racines et sur-tout les carottes, intercalées pendant l'hiver, font prospérer les mères et les agneaux. La santé des mérinos ne souffre pas du tout de cette séquestration absolue ; les agneaux sont exempts du tournis quand les mères ne vont pas aux champs ; mais quand la nourriture verte manque pendant l'été, on voit les jeunes agneaux nés dans cette saison périr de diarrhée, à cause des qualités trop stimulantes du lait de leurs mères. On y remédie en rendant le fourrage vert ou, à défaut, en donnant des pommes de terre cuites aux mères. Ainsi la nourriture absolue des mérinos à l'étable est une expérience faite en grand avec succès, toutes les fois que le produit de leur fumier suffit pour payer les frais de leur nourriture.

ARTICLE 7. — *Des métis.*

L'opération de métiser un troupeau pouvait convenir au propriétaire placé de manière à avoir un troupeau de mérinos, quand ceux-ci étaient fort chers et que la mise hors d'un énorme capital ne pouvait pas être compensée de long-temps par les produits ordinaires. Ceux qui prévoyaient alors, dans un avenir prochain, la diminution de ces prix

8

excessifs, ne voulurent pas hasarder une opération
très-chanceuse, et se bornèrent à faire des métis.
Quelques-uns ajoutèrent des brebis mérinos à leur
troupeau de brebis communes, dans l'espoir de
remplacer peu-à-peu ces dernières par des brebis
à laine fine ; mais toutes ces opérations n'ont pas
tenu contre la baisse des laines et contre d'autres
inconvéniens dont nous parlerons. Je puis même
dire que le métisage a rétrogradé depuis le bas
prix des béliers fins, et que cette lente opération
ne peut plus convenir aujourd'hui à personne.

En effet, supposons qu'un particulier veuille
changer aujourd'hui son troupeau de brebis du
pays contre un troupeau de mérinos, il effectuera
cette mutation pour un troupeau de cent brebis
avec moins de deux mille francs.

Celui qui voudra métiser son troupeau doit
s'attendre à ne le voir renouvelé complétement en
bêtes de la cinquième et de la sixième génération,
que nous voulons bien supposer égales aux mérinos, que vers la quatorzième année depuis le
commencement de l'opération (1). Que de chances
pour qu'elle ne s'altère jamais ! Que de soins,
que de risques, pour n'avoir, au bout du compte,

_____

(1) *Morel de Vindé*, Troupeau de progression, *Annales d'agric.*, t. XXXIV, p. 31.

qu'un troupeau de métis ! Quelle défaveur ne reste pas attachée à ce nom, soit dans la vente des laines, soit dans celle des agneaux ! Mais allons plus loin, et examinons les détails de ce métisage.

Quatre béliers, nécessaires à cent brebis, exigent un renouvellement annuel d'un bélier, car il les faut jeunes, et ils ne se revendent ensuite qu'en les engraissant ; d'ailleurs, tous les mâles de cette race peu ardente ne réussissent pas également bien. Pour avancer rapidement dans l'opération du croisement, il faut ensuite garder, chaque année, la totalité des femelles, et quand on n'exerce pas de choix sur les agneaux, on risque d'en conserver de très-faibles et de très-défectueux. De plus, on a un déficit considérable sur les naissances, parce que le troupeau se trouve composé d'un grand nombre de bêtes au-dessous d'un an ; ce qui nous donne les frais suivans :

Un bélier, moins le prix de revente. . 30 fr.

Un quart de déficit dans les naissances, au lieu d'un huitième qu'on éprouve annuellement, la différence d'un huitième est de. 189
                                                                   ———
                                                                   219

Il est donc clair que l'on paie une rente de

deux cent dix-neuf francs, outre tous les inconvéniens dont j'ai parlé, pour l'intérêt du capital
de deux mille francs que l'on veut épargner; c'est-
à-dire que l'on paie onze pour cent de ce capital, et que l'on risque de manquer son opération
pour n'avoir, au bout du compte, en cas de réussite, qu'un troupeau défectueux de métis.

Il est donc évident qu'au prix actuel où l'on
peut obtenir les mérinos, on ne peut plus entreprendre le métisage d'un troupeau; et cela est
d'autant plus fâcheux, que cette opération était
le grand débouché des béliers et l'encouragement
le plus direct à la perfection des troupeaux mérinos, qui doivent aujourd'hui se soutenir par eux-
mêmes et par l'excellence de leur laine.

Le haut prix des laines, la permanence de ces
prix, qui feraient hausser celui des mérinos, pourraient seuls faire revivre le croisement; mais dans
l'état actuel des choses il n'y a pas à balancer, et
l'on doit préférer l'achat direct d'un troupeau de
mérinos.

CONCLUSION.

L'accroissement des mérinos en France n'est
donc pas indéfini, il est borné par plusieurs circonstances : 1°. la prééminence des bêtes à cornes

sur tous les pâturages où l'on peut les nourrir avec abondance ; 2°. la prééminence des bêtes à laine communes par-tout où l'on n'entretient pas en embonpoint des brebis de soixante livres, poids de la petite race de mérinos, ou de quatre-vingts livres, poids de la grande race de Rambouillet ; 3°. il est aussi borné par la facilité de se procurer des fourrages supplémentaires, pour l'hiver et l'été, à des prix relatifs à la valeur de la laine et des agneaux, ou par la facilité de les faire transhumer dans des pâturages abondans, en été ; 4°. par l'état agricole du pays, qui paie plus ou moins bien les engrais animaux ; 5ᵇ. par la situation du pays, qui expose plus ou moins le bétail à la cachexie. Au-dedans des limites que nous venons de tracer, le mérinos paie sa rente avec plus d'avantage que les bêtes du pays, et offre un moyen sûr d'augmenter le produit que l'on tire d'un troupeau : en dehors de ces limites, il n'est qu'un sujet de perte, de mécompte et de chagrin pour le propriétaire qui veut aller directement contre les lois de la nécessité.

Ainsi, quoique les positions naturelles des mérinos soient dès à présent bien définies, il est aisé de prévoir que les progrès de l'agriculture peuvent les multiplier et les étendre beaucoup ; et que ne doit-on pas attendre du mouvement général des

esprits vers les choses utiles, et de sentimens patriotiques pareils à ceux qui ont dicté le sujet de
ce concours ?

Au moment de finir, un de mes amis à qui je
lis ce que je viens de faire, m'assure que je me
suis mépris complétement sur le but de la Société ;
que l'on désire une apologie des mérinos propre à
en encourager la multiplication, et non pas un exà-
men sévère où quelquefois j'ai mêlé des vérités
dures à de justes éloges ; mais le caractère honorable
du fondateur du prix et celui de mes juges me ras-
surent complétement sur cette crainte. Si j'ai dit
la vérité, ils sauront assez l'apprécier, et la fai-
blesse seule de mes mémoires pourrait me nuire
dans leur esprit : ils sauront assez alors combien
il est dangereux d'encourager les choses impos-
sibles, que l'on y perd l'autorité du conseil, et
que l'on effraie tous les témoins du désastre,
ceux-mêmes qui diffèrent totalement de circonstances avec ceux qui ont échoué. Si au contraire
je me suis mépris, certes je désire bien vivement
que l'ouvrage couronné puisse m'éclairer sur mes
méprises ; qu'il me prouve clairement que la
propagation des mérinos n'a point de bornes en
France ; que leurs produits marchent avant ceux

des bêtes à cornes ; que par-tout cette race peut être introduite avec succès, et chasser devant elle les races communes, et qu'enfin c'est par non-chalance, par défaut de calcul, par opiniâtreté que tant de nos concitoyens, ordinairement si éveillés sur leurs intérêts, ont repoussé les mérinos après les avoir essayés, expérimentés, pris et repris. Cette opinion était celle que l'on a cher-ché à propager lors de l'introduction des mérinos en France, et mon propre intérêt me fait vive-ment désirer qu'elle soit établie assez péremptoi-rement pour nous donner l'espérance que bientôt nous vendrons bien nos agneaux, et que nos craintes n'ont été causées que par une baisse acci-déntelle qui n'a rien de permanent.

FIN.

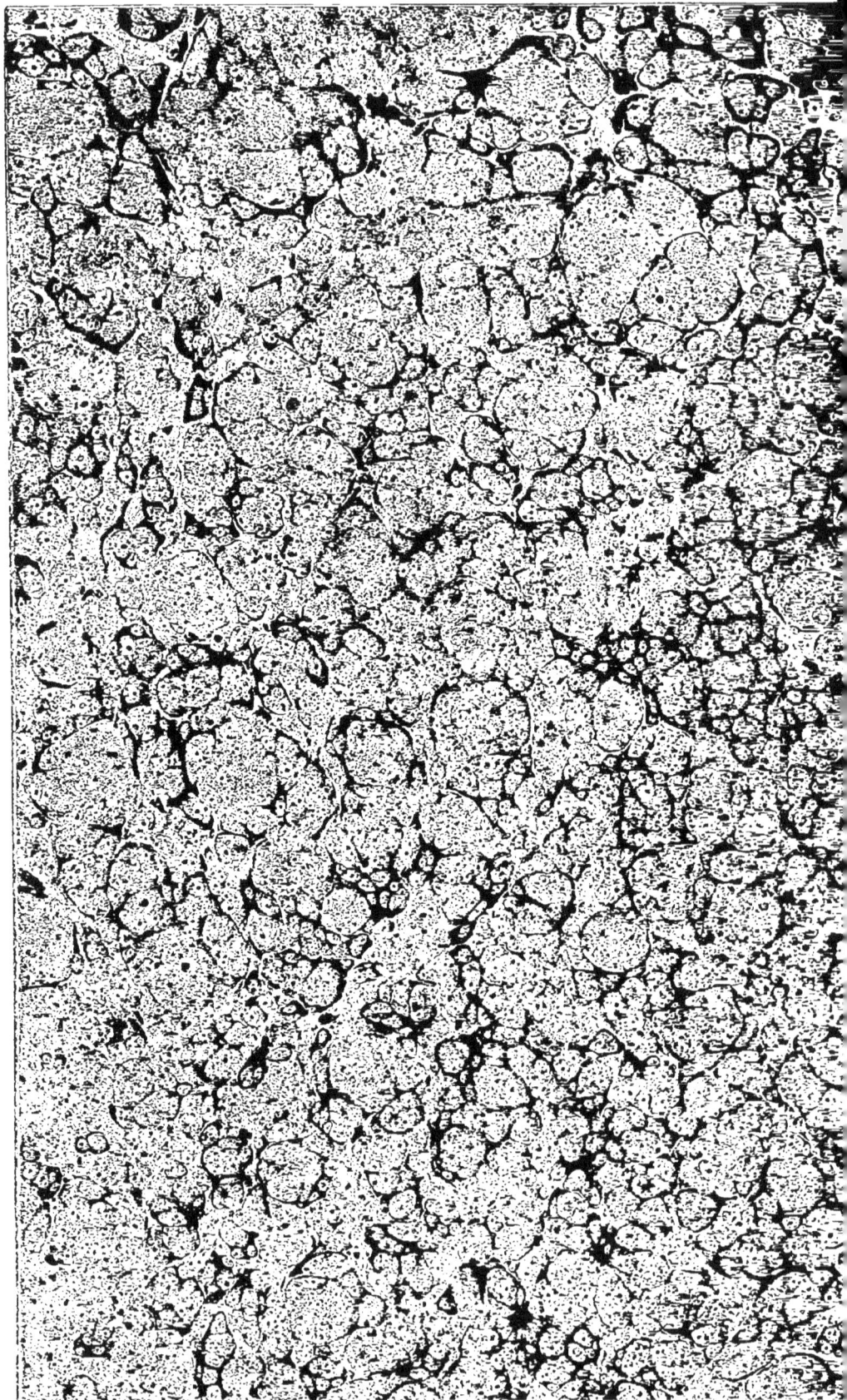

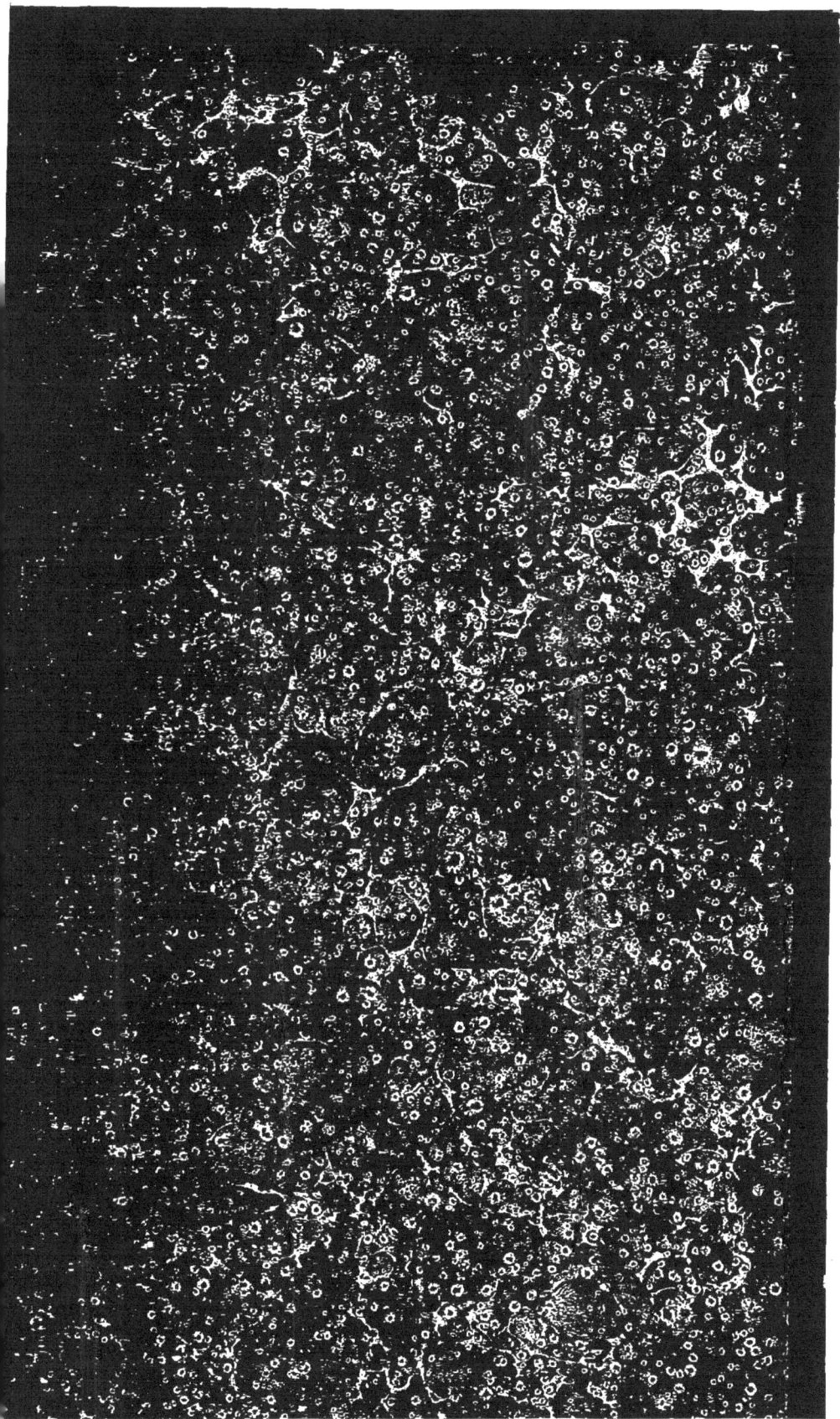

BIBLIOTHEQUE NATIONALE DE FRANCE

3 7531 00213028 5

www.ingramcontent.com/pod-product-compliance
Lightning Source LLC
Chambersburg PA
CBHW062017200326

41519CB00017B/4825